マンガでわかる
インコ・オウムのきもち

イラスト BIRDSTORY × 監修 海老沢和荘

大泉書店

はじめに

この本は、インコ・オウムを愛する5家族の生活から
インコ・オウムの心理について科学的に解説するものである。

田中家

ユカリ

レモン
(オカメインコ)

図書館司書のユカリと
ビビリのレモン。
のんびりふたり暮らし。

佐藤家

ミサキ

ミカン
(セキセイインコ)

アラサー会社員の
ミサキはセキセイ男子に
メロメロ。

山田家

マサル
メロン
(ボタンインコ)

夫のマサルは2羽が大好き。だけどなかなか振り向いてもらえない…。

ケイコ
スイカ
(コザクラインコ)

メス同士なのにラブラブなスイカとメロンをやさしく見守る妻のケイコ。

青山家

永田家

ハナコ
ラムネ
（セキセイインコ）

小学生のハナコは
学校から帰ったら
ラムネと遊ぶのが日課。

シゲ
ミント
（コンゴウインコ）

鳥歴50年のベテラン。
若いころはけっこうモテて
いたとか…!?
ミントとバジルは20歳。

キヨ
バジル
（ボウシインコ）

いつもユーモアを忘れない
ゆかいなおばあさん。
家族のことはみんな
お見通し。

ヒサシ
トロロ
（タイハクオウム）

ちょっと弱気なお父さん。
鳥たちと遊ぶのが
いちばんのストレス発散。

ミチヨ
ソラマメ
（ウロコインコ）

日中の鳥のお世話を
行うお母さん。青山家
は鳥を含め、だれも
ミチヨに勝てない。

タロウ
ゴマシオ
（ヨウム）

ゴマシオはタロウのことが
大好き。タロウは鳥の
ことを勉強中。

もくじ

ピィ♫

ワキ
ワキ

PART 7

インコ・オウムがかわいすぎる

PART 8

どんなときもいっしょにいよう

コラム

インコ・オウム豆知識

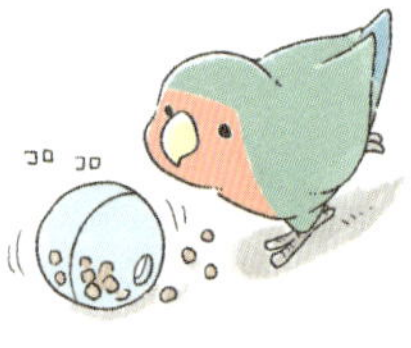

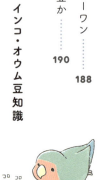

PART1

インコ・オウムって
ふしぎ

01 気づけば同じ

仲間だから共通の行動をとる

あなたが食事中、ふと見たら鳥もエサをモグモグ。うたた寝していたら、鳥もまたうとうと……。これは偶然ではありません。**インコ・オウムは飼い主さんの行動をまねしています。**

その理由は、インコ・オウムが群れで暮らす生きものだから。野生下では数十～数千羽の群れをつくり生活しています。仲間が多い方が敵に襲われたときに生き残る確率が高くなるため、本能的に「仲間といっしょにいること」を求めます。**群れは集団で同じ行動をとるので、仲間どうしで共通の行動をする習性がある**のです。

つまり、インコ・オウムがあなたと同じことをするのは、仲間と認識している証。この気持ちは毎日の暮らしにも取り入れることができます。たとえば野菜を食べてほしいときには、飼い主さんが鳥の前で野菜を口に入れてみせると効果的。それまでは見向きもしなかった野菜を食べてくれることがあります。

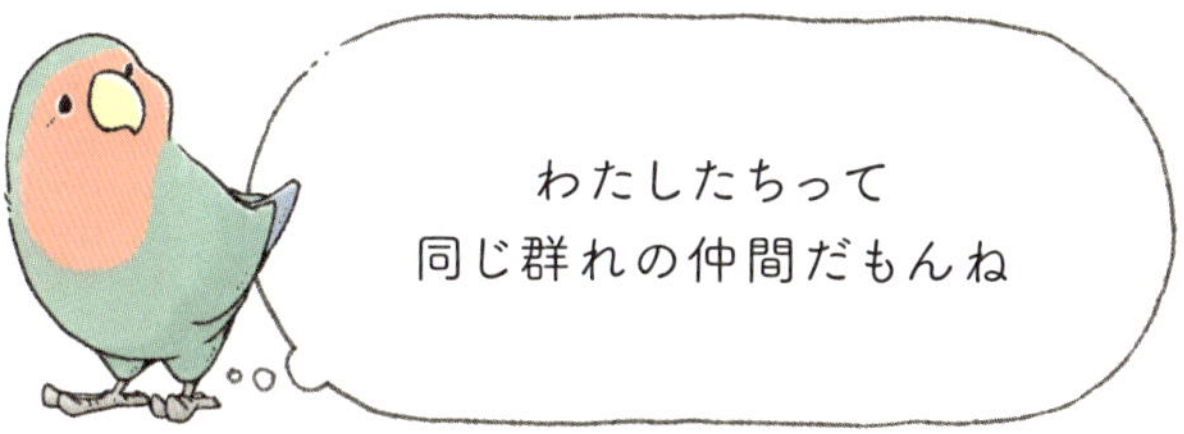
わたしたちって
同じ群れの仲間だもんね

02 いつもいっしょにいたがる

飼い主さんはパートナー

あなたの姿が見えなくなると、必死に鳴いて呼ぶ。放鳥中はつねに手や肩の上。しょっちゅう吐き戻しのプレゼントをくれるし、いつも「カキカキして〜」と甘えてくる……。「ちょっとうちの子の愛が重いなぁ」と、感じてしまう飼い主さんもいることでしょう。

インコ・オウムは基本的に一夫一婦制（オオハナインコなど例外もあり）。パートナーと決めたつがいの相手には一途な愛を注ぎます。**いつもいっしょにいたがるのは、あなたをパートナーと思っているから**なのです。

12ページで前述したように、インコはただでさえ仲間といっしょにいたがるもの。パートナーとはいつでもいっしょにいたい！　というのがインコ・オウムの強い願いです。とはいえ、愛が高まりすぎると発情による卵詰《たまごづ》まりなどトラブルの原因にもなるので、メリハリはつけつつ、できるだけその願いをかなえてあげたいですね。

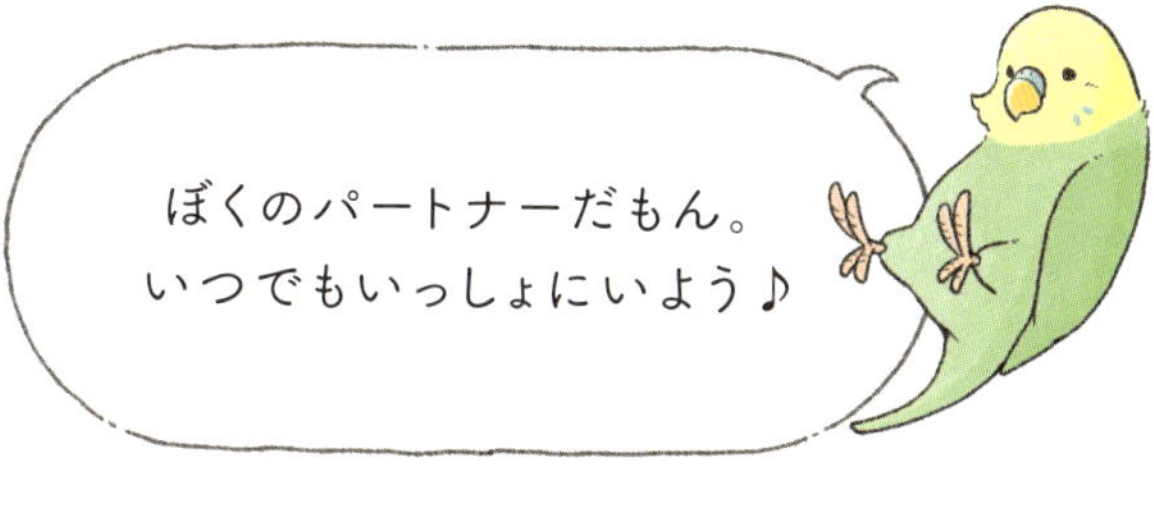
ぼくのパートナーだもん。
いつでもいっしょにいよう♪

03 自分のこと人間だと思ってる？

どんな姿でも仲間は仲間

同じ行動をする、いつもいっしょにいたがるなど、人間である飼い主さんと親子や恋人のようにふるまうインコ・オウムを見ていると、「もしかしてこの子、自分を人間だと思ってる?」という疑問がわいてきますよね。

その答えは、広い意味ではYESといえるでしょう。**インコ・オウムの世界では「敵か仲間か」という区別しかありません。**自分に害がなく、エサをくれたり優しく話しかけてくれたりする飼い主さんは「仲間、群れの一員、パートナー」と認識しています。**とくに卵からかえり巣立つまでの間、いっしょに過ごした存在は仲間と学習します。**目がいいインコですが、姿形が異なるわたしたち人間のことも、自分と同じ存在だと認識しているのです。

もし犬や猫など、ほかの動物とも仲よく同居できているおうちの鳥なら、犬も猫も自分の仲間と思っていることでしょう。

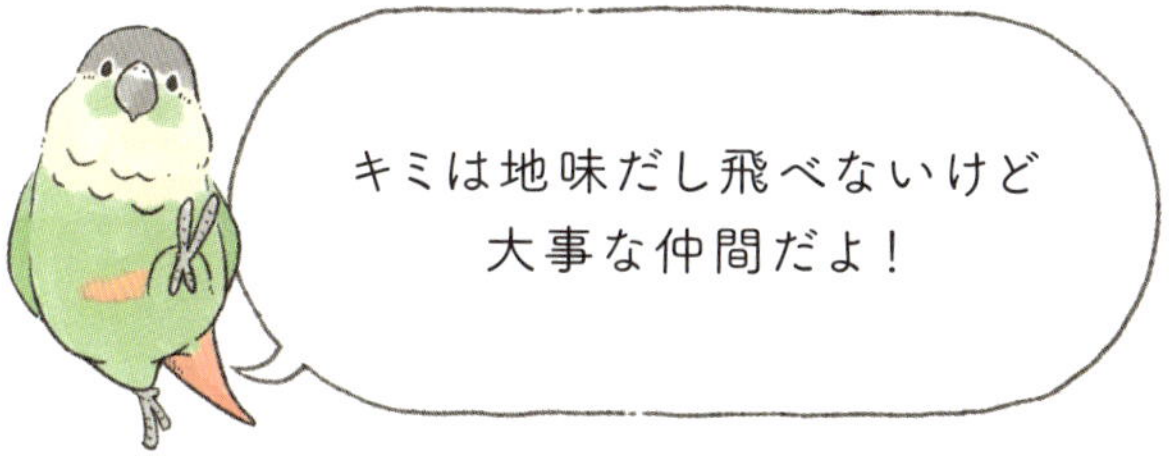
キミは地味だし飛べないけど
大事な仲間だよ!

04 実はやきもち焼き

愛ゆえに嫉妬も深い

「あっちの方がいいものもらってるんじゃ……？」とでも言うように、ほかの鳥が食べているものをチェックしにいったり、放鳥中に飼い主さんがほかの鳥と遊ぶのを邪魔したり……。多頭飼いのお宅でよくあるこんな光景に、「鳥同士は仲間じゃないの？」と疑問を感じるかもしれません。実はインコ・オウムの群れは、**つがいの相手以外とは競争相手のような認識を持っている**ようです。犬のように厳密な上下関係はなくともゆるやかな順位はあり、自分より下に見ている鳥には優位に立ちたい気持ちがあるようです。

とくにパートナーとして飼い主さんを愛しているインコ・オウムは、**嫉妬心からほかのインコを攻撃することも**。さらにエスカレートすると自分を傷つける行動（自咬《じこう》や毛引《けび》き）をしてしまうこともあります。相性の悪い鳥同士はいっしょに放鳥しない、嫉妬深い子にはほかの子と遊んでいる姿を見せないといった配慮を。

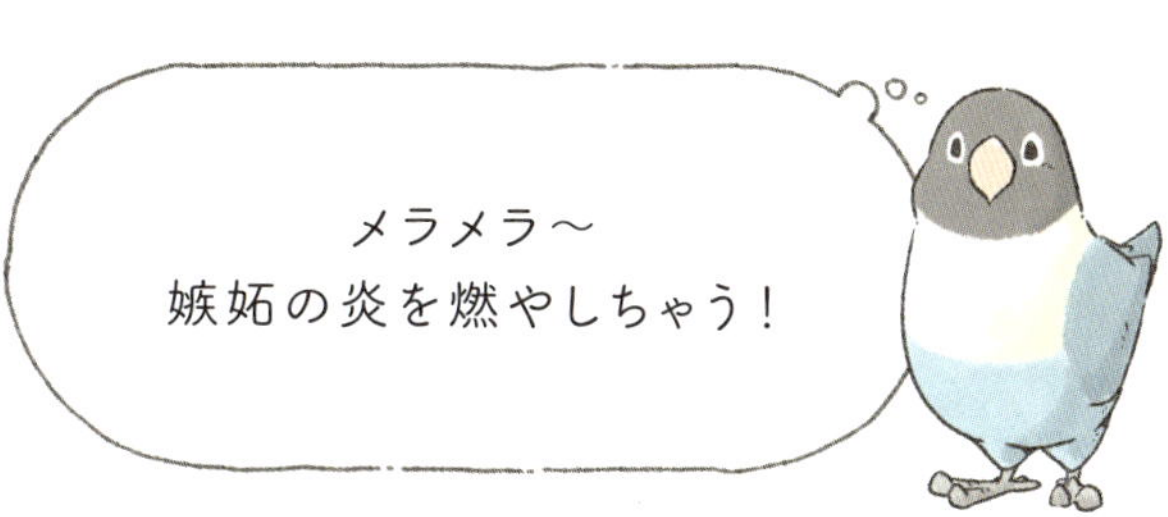
メラメラ～
嫉妬の炎を燃やしちゃう！

05 嫌なことには正直

ミントや
遊ぼうかい？
ガブッ
虫のいどころが
わるかったのかのぉ…
あいたた…
カイヌシー!!
はみ はみ
おやおや…
今度はやさしいねぇ
ゴメンネ…

感情はストレートに表現

インコ・オウムは熱しやすく冷めやすい、とよく言われます。「ちょっとしたことで怒るけれど、すぐに元に戻る」と感じている飼い主さんも多いのではないでしょうか。

動物は不快や恐怖を感じたとき、「戦うか、逃げるか」を選ぼうとする「闘争・逃走反応」が起こります。**「怒っている」ように見えるのは「闘争反応」であり、原因が取り除かれれば反応がおさまるので「冷めた」ように見えます。**つまり、インコ・オウムはそのとき感じたことに正直に反応しているだけ。**不快なことを我慢することもなければ、人間のように怒りを引きずることもないのです。**

ラブラブな鳥のつがいでも、ケンカをすることはあります。でも、ケンカをした後には、すぐに仲直りをしようとするかのように羽づくろいやくちばしを寄せ合うなどの「親和行動」をします。

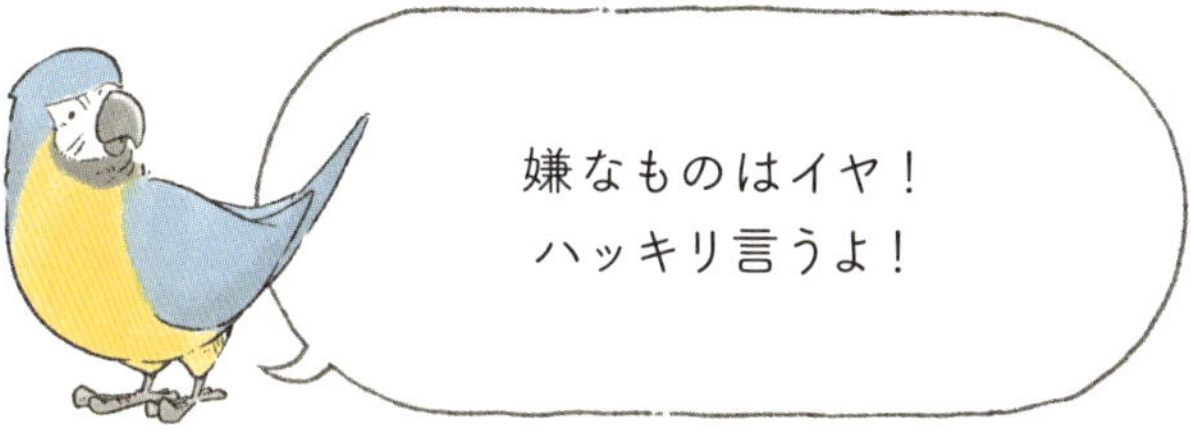
嫌なものはイヤ！
ハッキリ言うよ！

06 怖すぎるとパニックに!?

危険を感じたらすぐ行動

アメリカでは臆病者を「チキン」というスラングで呼ぶように、鳥は臆病というイメージがありますが、そのすべてが臆病な性格とは言い切れません。性格には個体差があり、好奇心旺盛で何にでも興味を持つ子、初めて見るものはすべて警戒して怖がる子など、さまざまです。ただ、野生では危険を察知し逃げる能力の高い者ほど生き残る確率が高くなるため、インコ・オウムにも**「危険を感じたら逃げる」という本能が備わっています。**「逃げる＝飛ぶ」なので、何かに驚いたとき窓が開いていたら外に飛び出してしまい、迷子になる危険性もあることはつねに頭に入れておきましょう。

オカメインコは臆病な傾向が強く、とくに夜間に何も見えない中で物音がしたときや地震が起きたときなどは恐怖心からパニックになり大暴れすることがあります。飼い主さんが騒ぐとパニックを助長させてしまうので、落ち着いて対応を。

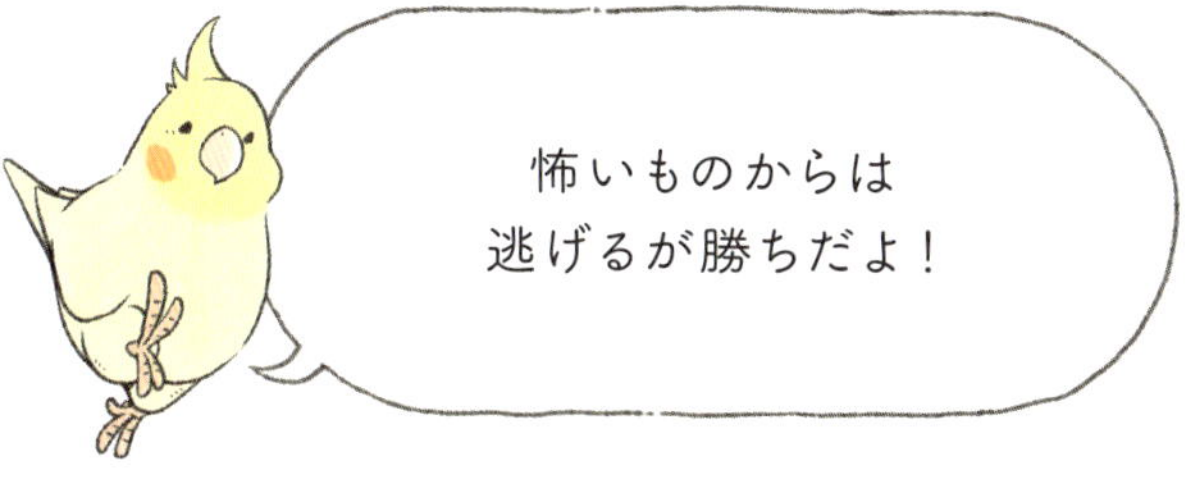
怖いものからは
逃げるが勝ちだよ！

07 鳥もいろいろ

セキセイインコと近い種類のハヤブサ
へぇ～
パクパク
ピィ♪
ハヤブサさんと近いんだってミカン
ハヤブサは肉食で
すごいなぁ
食べものが全然ちがうのに近い仲間なんだねー
あわはだいすきー

目の前の鳥さんの個性を大事に

ひとことにインコ・オウムといっても、鳥種によってその性格はさまざま。犬や猫のようにインコ・オウムは一種類ではありません。とくに鳥類学では、分類がまだ整理途中というのが実情です。**最新の分類学では、オウム目《もく》はハヤブサ目にかなり近い種類として分類されています。**肉食の猛禽《もうきん》類と草食のオウム類が近いカテゴリーなんて信じられないかもしれませんが、体のつくりや進化の過程から、近しい仲間と鳥類学者たちは考えているのです。

そして、忘れてはいけないのが鳥それぞれに個性があるということです。たとえば、オカメだから臆病と決めつけるのはよくありません。**どんな鳥にも、生まれ持っての個性や、育つまでの環境などによって身につけた個性があります。**目の前にいる鳥さんの個性を、観察して見極めることで、鳥さんとの生活はもっと充実したものになることでしょう。

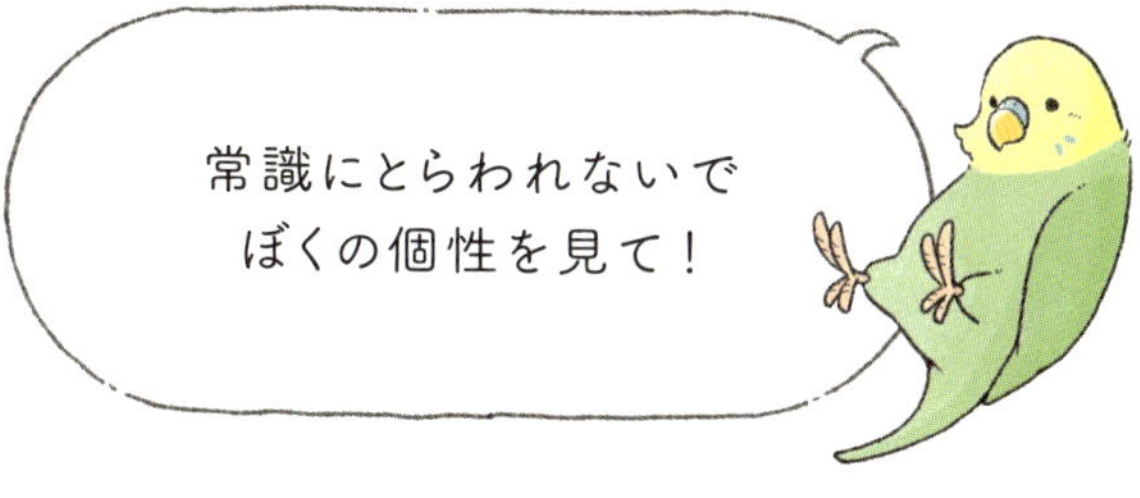
常識にとらわれないで
ぼくの個性を見て！

08 高いところでドヤりたい

安心感から優越感が生まれる!?

インコ・オウムは高いところが好き。その理由は安全だから。野生なら、猛禽《もうきん》類や肉食動物などの敵に襲われにくいのは圧倒的に地上より樹上《じゅじょう》ですよね。飼い主さんの頭にとまる場合、手につかまりにくいという意味で「安全な場所」と思っている可能性があります。棚やエアコンの上など、人間の手が届かない高い場所にとまりたがるインコ・オウムは多いもの。いざというときつかまえられないのは困るので、できればそういった場所にはとまれないよう、すだれなどでカバーするといった対策をしておきましょう。

ちなみに高いところにいると安心感から少し気が大きくなるのか、**群れでもより高いところにとまっているインコ・オウムのほうが下にいる鳥より優位に振る舞う傾向があるようです。**いつも頭の上にとまらせていると、言うことをきかなくなるかも。なるべく飼い主さんの頭にはとまらせないようにしましょう。

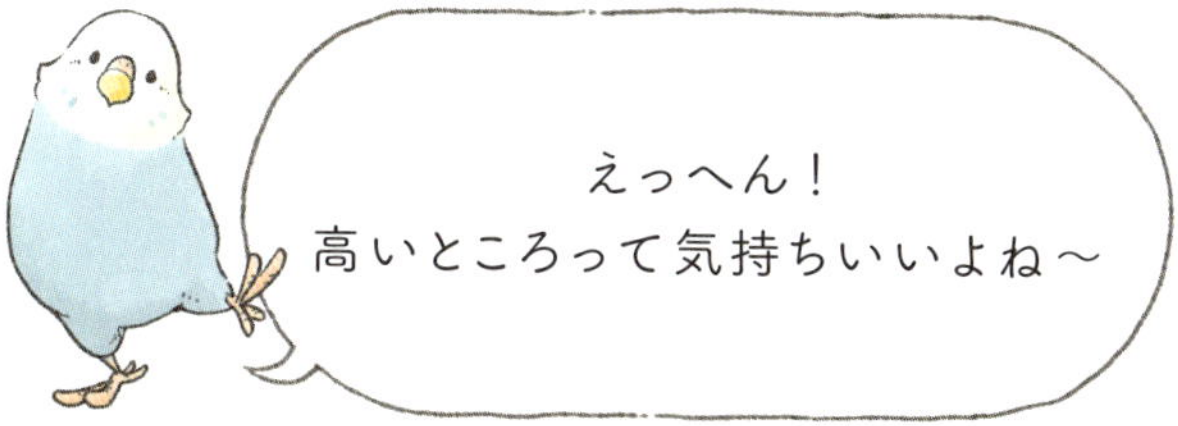
えっへん！
高いところって気持ちいいよね～

09 歩くのも得意

鳥種によって足の形は異なる

鳥は飛ぶ生き物と思っていたのに、実際に飼ってみると意外と地面を歩いている……のもインコ・オウムあるある。実は地面を歩いてエサを探す習性があるため、飛ぶのと同じくらい歩くのも得意なのです。歩いて飼い主さんのあとを追ってくることもあるので、放鳥中はつねに気を配ってくださいね。

インコ・オウムの足は、趾《あしゆび》の2本が前向き、2本が後ろ向きの対趾足《たいしそく》。足の裏にはしわがあり滑り止めの役目をしています。そのため器用にものをつかむことができます。**ブンチョウやキンカチョウは、前が3本、後ろが1本の三前趾足《さんぜんしそく》**のため、インコたちのようにものをつかむことはできません。歩き方も、トコトコと歩くインコたちに対し、ブンチョウはピョンピョンと跳ねるように歩きます。インコたちもわざとピョンピョン跳ねて歩き、飼い主さんの気を引こうとする子もいるようです。

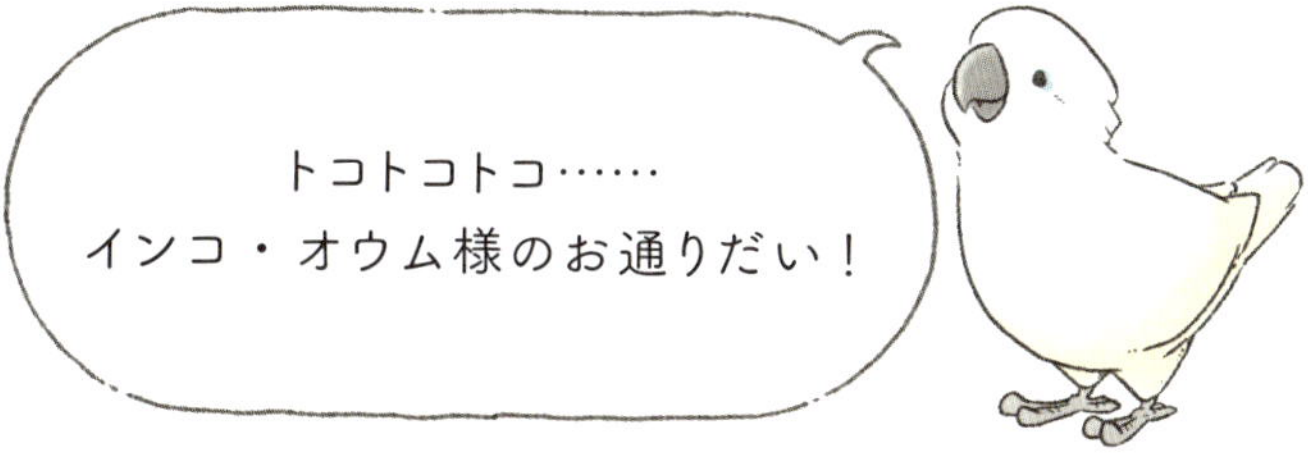
トコトコトコ……
インコ・オウム様のお通りだい！

10 鳥界にもLGBT!?

いちゃ
いちゃ
いちゃ
いちゃ
メスどうしなのに…
たまにはパパと遊ぼう
ピョン
ビャー
あっ…
愛は障害があるほど燃えあがる!!
ボクはジャマ者…

相性がいい相手をつがいに選ぶ

ときどき、オス同士（メス同士）なのにラブラブカップル（?）になっているインコ・オウムがいます。「見た目じゃ性別がわかりづらいから、勘違いしているの?」なんて悩んでいる飼い主さんもいるかもしれませんね。

実はインコ・オウムのジェンダー性は両親から学ぶもの。人間に育てられた鳥は自分の性別がわからなくなることがあるのだとか。また、成長期にストレスを受けたことでジェンダー性を失うことも。

とはいえ、そんなに悲観することはありません。**同性同士のつがいをつくる例は野生の鳥でも多くあり、珍しいことではないのです**。なかにはオスと交尾した後、メスとメスのカップルで子育てをする例も。鳥は群れの中でいちばん相性の良い相手とつがいになるもの。同性同士でも、相性最高の相手といつもいっしょにいられるなら、それがインコ・オウムにとっての幸せなのです。

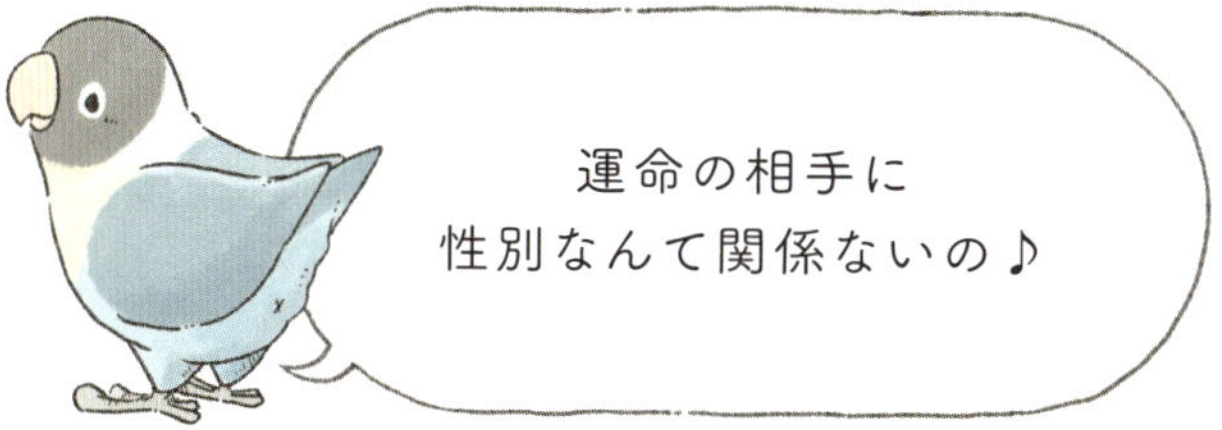
運命の相手に
性別なんて関係ないの♪

11 ぬいぐるみも仲間

ドキ ドキ
新しいおもちゃ買ってきたよ
ゲロゲロゲロ……
ん？
あら……いつのまにか仲よしね
ゲロゲロ ゲロ ゲロ
吐き戻ししちゃった!!

同じ時間を過ごすパートナー

インコ・オウムのかわいいぬいぐるみやマスコットを見つけると、ついつい買ってしまうのは飼い主さんあるあるですよね。鳥の隣に並べれば、かわいいが2倍で最高の2ショット！　鳥自身もそれを気に入って、隣に寄り添ったりくちばしにキスしたりなど仲間のようにふるまうことがあります。

とくに一羽で飼われているインコ・オウムにとって、**ぬいぐるみが仲間といっしょにいたい気持ちを満たす特別なアイテムになることがあるようです。**もし鳥自身が気に入っているなら、ケージに入れてあげてもよいでしょう。困るのはぬいぐるみ相手に発情してしまうケース。発情の対象は取り除くのが簡単な解決法ですが、それが心の安定につながっているつがい代わりの相手なら、ぬいぐるみを取り上げるのは酷というもの。そんなときは170ページを参考に、食事量を抑制するなどほかの方法で発情抑制を。

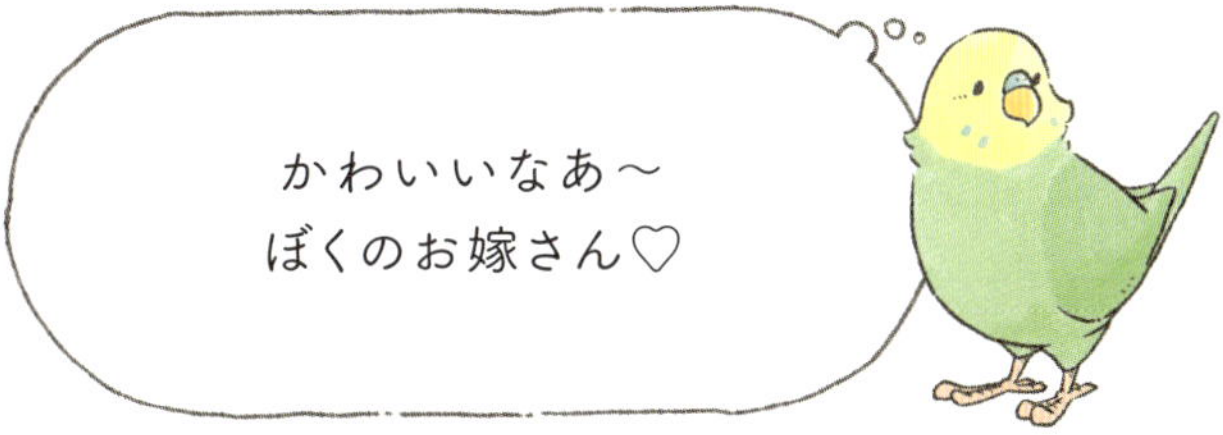
かわいいなあ～
ぼくのお嫁さん♡

12 退屈がニガテ

楽しく暮らせる工夫をプラスしよう

野生のインコ・オウムは群れの仲間とエサを探して飛び回り、毎日忙しくしています。それに比べてペットのインコ・オウムは何もしなくてもエサにありつけますし、群れの仲間である飼い主さんは仕事や人間同士のお付き合いもあってつねにいっしょにいてくれるわけではありません。そのためインコ・オウムは退屈しがち。退屈はストレスとなり、毛引《けび》きなどを始めてしまうこともあります。

退屈しないよう、**野生の暮らしを参考にインコ・オウムの毎日を充実させる工夫（エンリッチメント）を**。歌うのが好きな子なら音楽を流す、寂しがりやなら鏡やぬいぐるみなどお友達代わりになるものをケージに入れる、エサ箱にオモチャなど食べるときに邪魔になるものをわざと入れるなどしてエサ探しをさせる（フォージング）など。長期不在の際は、ほかの鳥の鳴き声が聞こえるような鳥専門のペットホテルや、鳥仲間のおうちに預けましょう。

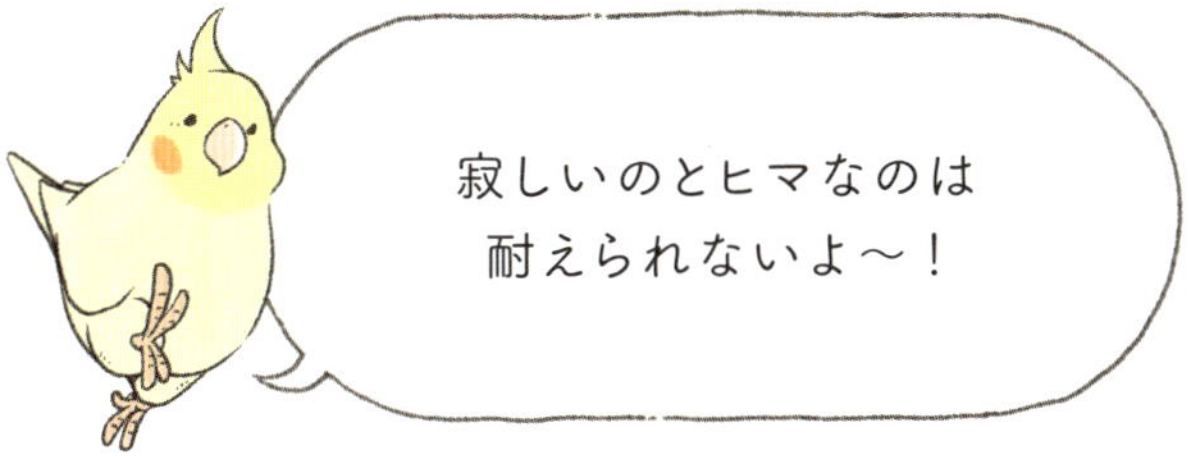

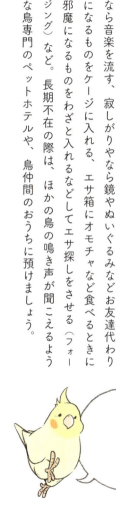

13 うれしいときはノリノリ

全身を使ってごきげんアピール

インコ・オウムの出身地は南米、アフリカ、オーストラリアなどの暖かい地域。そのせいかはわかりませんが、生まれつき陽気なタイプが多いようです。**うれしいときや楽しいときは全身で喜びを表現します**。その姿はまるでノリノリのラテン系!? ダンスをしたり、歌を歌ったり、大声で叫んだり。飼い主さんがいっしょに踊ったりして盛り上げてくれると、さらにごきげんはピークへ!

なかでもオカメインコは、通称「ヘドバン」で頭を上下にぶんぶんと振り続けることがあります。ただ、表現はインコ・オウムそれぞれだということを忘れずに。うちの子はこんなことしないな……と寂しがることはありません。**鳥は本来、仲間と鳴き交わすことでコミュニケーションする生き物です**。「相手が反応してくれること」に喜びを感じるので、インコ・オウムが喜んでいるしぐさを見つけたら、ぜひ飼い主さんも同じしぐさをしてみましょう!

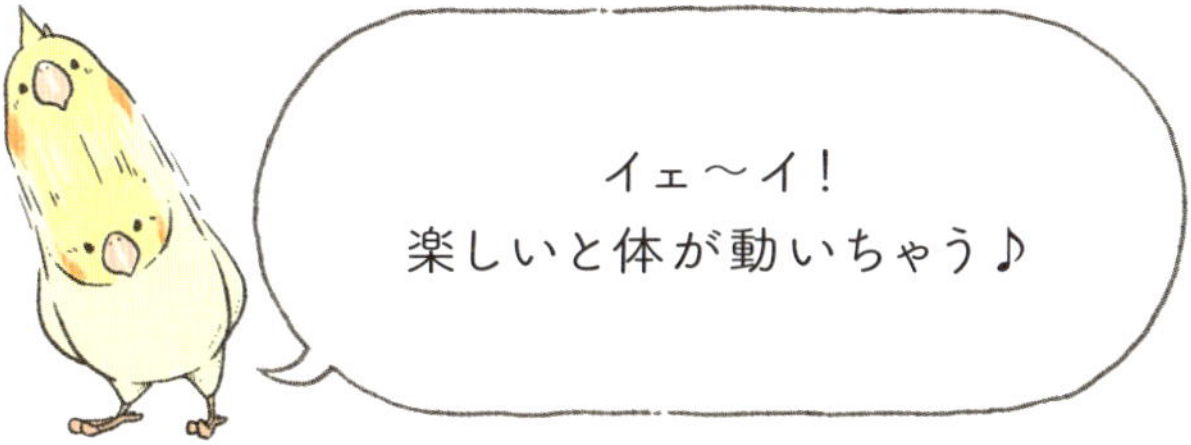
イェ〜イ!
楽しいと体が動いちゃう♪

14 音でコミュニケーション

小さいときから音を学習する

インコ・オウムは身ぶりや鳴き声で群れの仲間とコミュニケーションします。会話がおもなコミュニケーション手段である人間とインコ・オウムは、通じ合うものがありますよね。

鳥の鳴き声には自然に出る声「地鳴き」と、異性にアピールしたり居場所や縄張りを知らせたりするための「さえずり」があり、さえずりは幼鳥から成鳥になるまでの間にほかの鳥から学習し習得します。こうした**「発声学習」をするのはインコ・オウムをはじめとした鳥類の約半分**。ほかの動物では人間、クジラ、イルカにのみ備わった能力です。鳥類はこの優れた音の聴き分け・学習能力によって、つがい相手に鳴き声を合わせたり、音節を組み合わせた歌を使って仲間とやりとりしたりすることができます。最近では、白色オウムは音楽を理解し、その音に合わせて体を動かしているという実験結果が出ました。

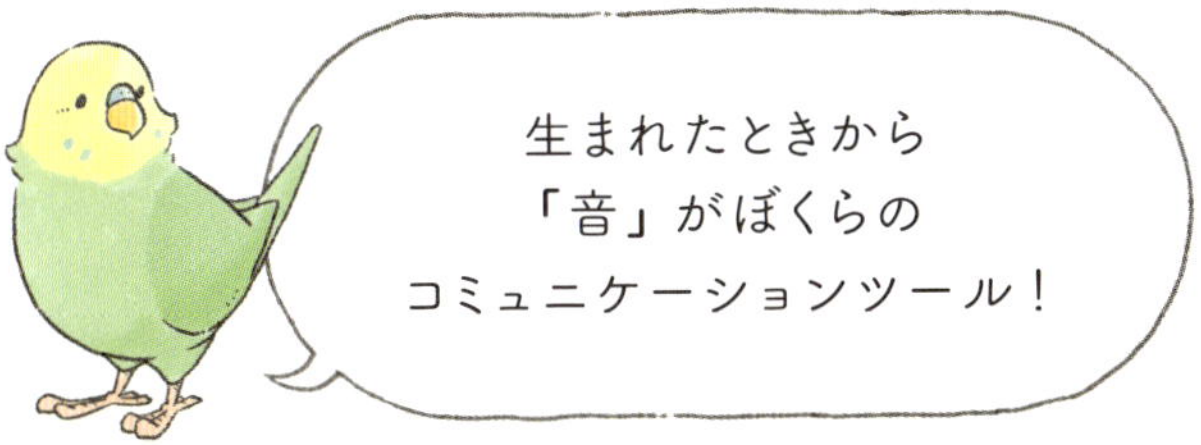
生まれたときから
「音」がぼくらの
コミュニケーションツール！

COLUMN

インコ・オウム豆知識❶ ／ 人気の鳥種

日本でいちばん多く飼われているインコ・オウムは、セキセイインコ。オスはおしゃべりや声まねが得意な子が多く、初心者にも比較的飼いやすく、人気です。頭の冠羽と頬のチークパッチがかわいいと評判なのはオカメインコ。穏やかな性格の子が多いですが、びっくりするとパニックを起こすこともあるので落ち着ける環境を用意してあげましょう。

インコ同士のラブラブな姿を見たいなら、「ラブバード」と呼ばれるコザクラインコやボタンインコがおすすめ。つがいになるといつも寄り添い、仲睦まじい姿を見せてくれます。声が小さめのインコがいいなら、アキクサインコがおすすめ。声は大きいけれどおしゃべりを楽しみたいならヨウムやタイハクオウム。どんな風に暮らしたいかを考え、お迎えする鳥種を選びましょう。

どの子も
かわいいでしょ?

PART2

インコ・オウムってすごい

15 大きな目

なんでもお見通し

鳥の五感のうち、もっとも発達しているのが視覚です。人間の5～8倍の視力を持ち、視野は330度。周囲のほぼすべてを見ることができます。人間の目は両目で見たものをひとつの像として認識しますが、**鳥は左右の目でそれぞれ違うものを見られます。**

このように視覚が発達したのは、ほとんどのインコ・オウムが日中に活動する昼行性の動物だから。多くの夜行性動物が色を認識できないのに対し、インコ・オウムはフルカラーの視覚を持ちます。**人間にも見える赤、緑、青の三原色のほかに、紫外線も認識できるため、私たちが見ているよりも、もっと鮮やかな世界を見ている**と考えられます。鳥たちはこの発達した視覚に頼って敵から逃げたり食べられるものを探したり、繁殖相手を選んだりします。鳥類のオスのほとんどが色鮮やかなのは、進化の過程でメスがより美しい色彩のオスを選んできた結果なのです。

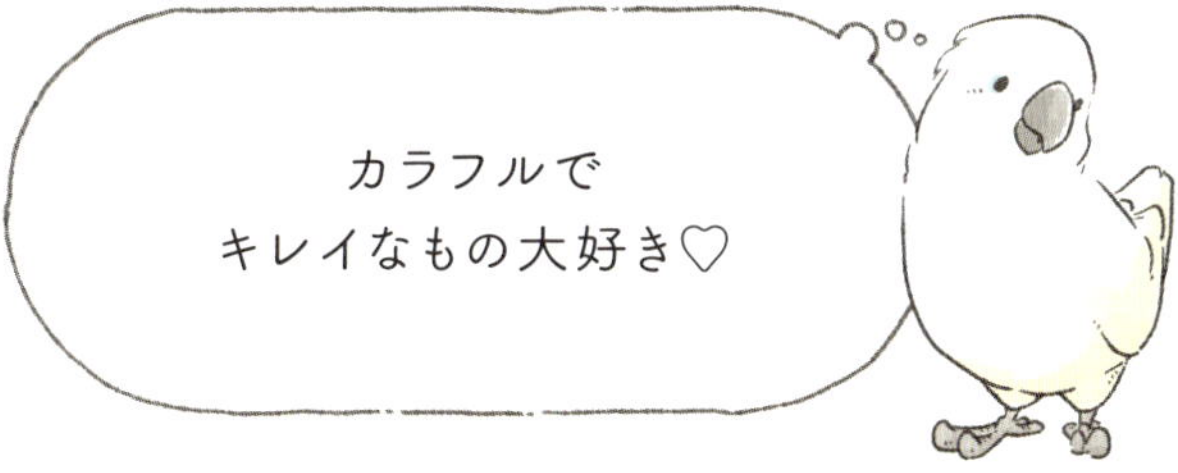
カラフルで
キレイなもの大好き♡

16 教わらなくても飛べる

飛ぶことは大事な運動

鳥はかつて恐竜から進化し、空を飛ぶことに特化した体になることで種を繁栄させてきました。インコ・オウムも飛ぶのが本能。**羽が生えそろえば、教わらなくとも自然と飛ぶようになります。**ただし、**上手な飛びかたは本来親や仲間から学習するもの。**人間に育てられたインコは飛ぶのがあまり得意ではないこともあるようです。幼鳥のころに風切羽《かざきりばね》を切るクリッピングをすると、飛びかたがわからずにほとんど飛ばなくなってしまうこともあります。

28ページで前述したように、インコ・オウムは歩くのも得意なので、飼育下では飛ぶ必要性をあまり感じられない飼い主さんもいるかもしれません。けれど、やはりインコ・オウムの体は基本的に飛ぶためにつくられています。飛ぶことは鳥の体にとって大事な運動です。肥満にならないように、ちょっとした距離も飛ぶようにうながすのもおすすめです。

飛ぶのがうまい先輩って
あこがれちゃう～

17 鼻と耳は隠されている?

嗅覚より発達した聴覚

「インコ・オウムの鼻と耳はどこにある？」このクイズ、鳥たちをよく知らない人には回答が難しそうですね。正解は、くちばしの上と頬の少し後ろ。**セキセイインコなど、乾燥した地域に生息する種は鼻孔《びこう》が露出し、コザクラインコなど雨が多い地域に生息する種は鼻孔が羽毛に隠れています。**嗅覚は鼻孔の露出に関わらずあまり発達していません。夜行性動物は嗅覚に頼ってエサを探したり敵を感知したりしますが、インコたちは昼行性で目を使って情報を判断できるため、嗅覚はあまり必要なかったのでしょう。

同じように隠されていても、聴覚は嗅覚よりも発達しています。低音は聞き取りづらいようですが、音を聞き分ける能力が高いことは38ページで前述した通り。**インコたちがよく首をかしげるのは耳を音のする方向に向け、情報収集するため。**目で見た情報と合わせて危険かどうかなどを判断しています。

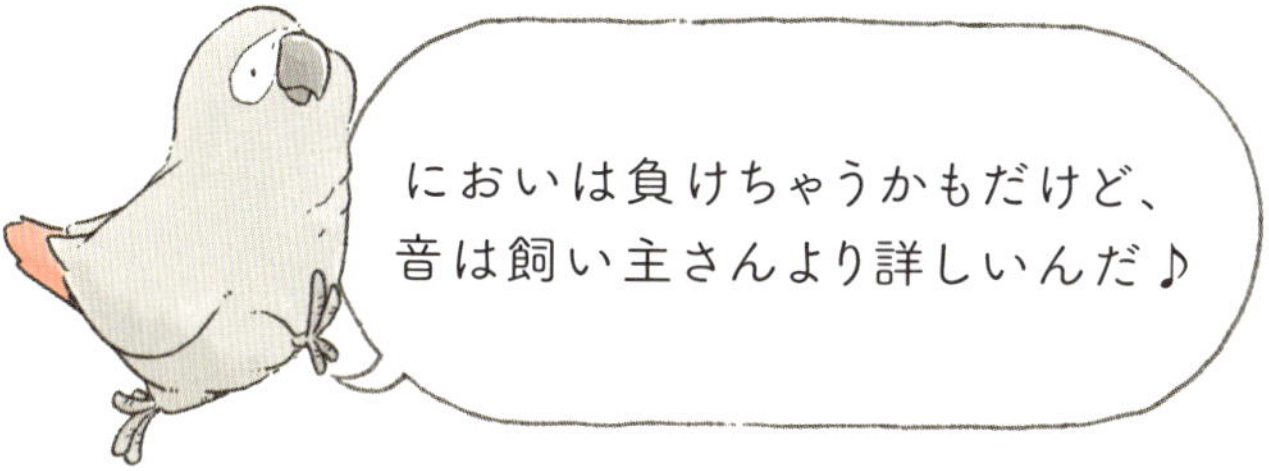
においは負けちゃうかもだけど、
音は飼い主さんより詳しいんだ♪

18 いつもあったかい

あら
おはよ♪
カイヌシー
どうしたのーって
パタパタ
朝は手が冷えて
大変……
!
心配して
くれたのね
だいじょぶって
おやおや
起きたばかりで
また寝るの？
zzzzz……
あったかいねぇ…
ありがとね
ホカ
ホカ

高体温で飛ぶエネルギーをつくる

インコ・オウムを指や手に乗せたときに伝わってくる体温。いつもほんわかあったかくて、夏にはびっくりするほど暑く感じるときも。でも、冬はそのぬくもりに癒されてしまう、あのひとときはたまりません。

インコたちがあたたかいのはそれもそのはず。**平熱は、人間より高い40～42℃**。体温が高いのは、いつでも飛び立てるように体が準備をしているためです。小さな体の中は、**実はつねにたくさんのエネルギーを燃やしている状態**なのです。飛ぶためにはそれほど高いエネルギー代謝の維持が必要ともいえます。

インコ・オウムは食べたものをすぐに燃焼させることで高い体温を保っています。つまり食べなければ体温も低下し、エネルギーが足りなくなるということ。「食べて燃やす」ができていること、それが健康なインコの条件といえます。

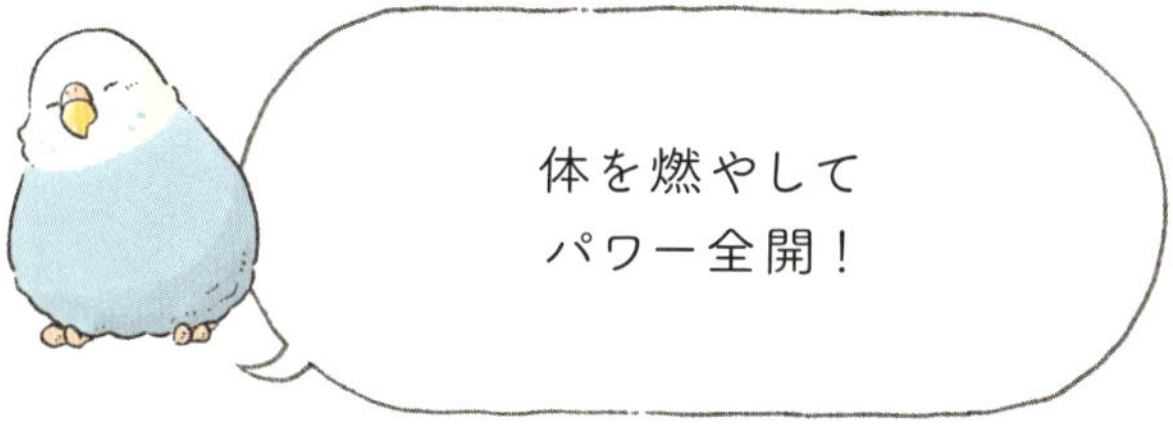
体を燃やして
パワー全開！

19 胃はふたつある

ごはんだぞい
パクパク
人みたいに、かみくだかず飲みこんで大丈夫なのかのぉ…
おやおやじいさん知らんのかい？
鳥にはふたつの胃があってそのひとつの筋胃（きんい）というところでくだいているから大丈夫なんじゃよ
入れ歯がないと食べられないじいさんとはちがうんじゃ
ケラケラケラ
いじわるなばあさんだのう…
ケラケラ
ケラケラ

食べものに合わせて進化した胃

哺乳類は食べものを歯で咀嚼してから飲み込み、胃で消化します。ところが鳥類には歯がありません。エサはくちばしで剥いたり、砕いたりした後に丸飲みします。それでもちゃんと消化できる理由は、特徴的なふたつの胃にあります。

食べたものはまずひとつめの胃、腺胃《せんい》（前胃《ぜんい》）へ送られます。エサは腺胃内で消化酵素と混ざり、形を残したまま、ふたつめの胃、筋胃《きんい》（後胃《こうい》）へ。**筋胃はその名の通り強い筋肉が備わっており、中に砂粒のようなもの（グリッド）が蓄えられています。**グリッドはボレー粉《こ》などがもとになったもので、そのグリッドと胃液の混ざった食べものを筋肉の力ですり潰すことで、完全に消化します。

ちなみに穀食性のインコ・オウムに比べ蜜食性のインコ・オウムは筋胃があまり発達していません。食べているものが軟らかく、すり潰す必要性が低いからでしょう。食性に合わせて進化した体です。

おなかの中に
ヒミツがいっぱい！

20 便利なくちばし

食事から移動、スキンシップにも

インコたちのくちばしはとても器用で高機能。咬む、かじる、掴む、ほじるなどさまざまな使いかたをします。シードの殻を剥くのはお手のもの。羽づくろいの際は尾脂腺《びしせん》の脂をくちばしにつけて羽に塗りつけ、ケージを登るときなどはくちばしで柵をつかむようにして移動の補助に使うことも。まるで人間の手のようですね。

くちばしはかたい角質（ケラチン）で覆われていますが、内部には血管や神経も通っています。先端には触覚刺激を感知し脳に伝える触覚受容体が集まっていて、温度や質感、痛みも感じます。くちばしを触れ合わせる親和行動や吐き戻し、お互いへの羽づくろいなど、パートナーと愛を深めるのにもくちばしの役割は大きいもの。羽づくろいし合う頻度が高いほどストレスホルモンが少ないというワタリガラスでの研究報告もあります。くちばしから感じる心地よさは心の安定にもつながるのかもしれません。

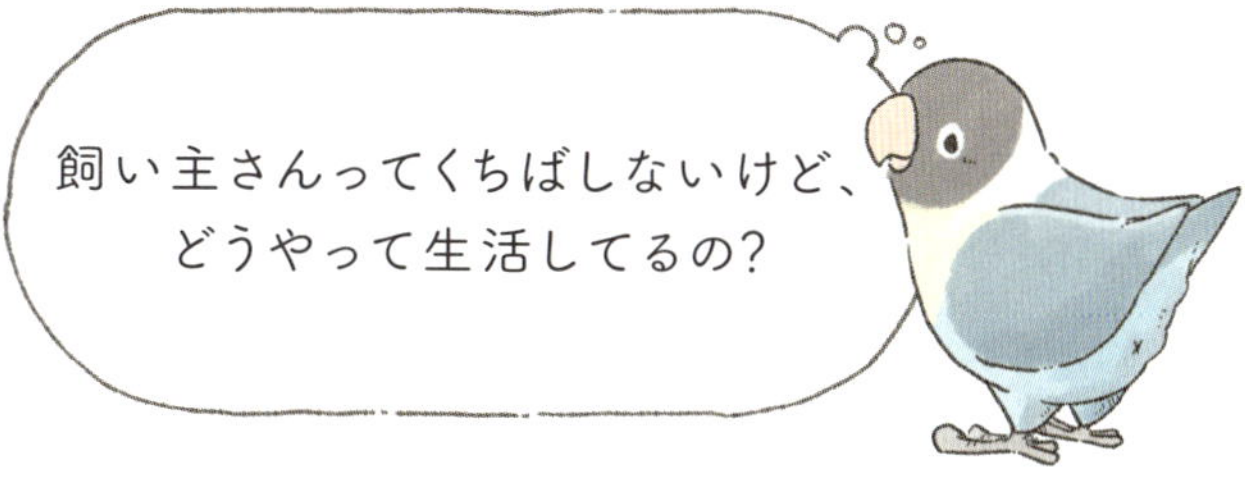
飼い主さんってくちばしないけど、
どうやって生活してるの？

21 人間並みに長生きの種類も

寿命を考えてきちんとお世話を

「ツルは千年」とまではいかなくとも、鳥類には長い寿命を持つものが多いのは有名です。セキセイインコやコザクラインコなど小型インコでも10～15年前後の寿命があります。アケボノインコなどの中型インコは約25年。さらに大型のボウシインコやヨウムでは約50年。**最大のインコであるコンゴウインコは、100年を超えることもあります。**

長生きのインコ・オウムより先に飼い主さんが老いたり亡くなったりしてお世話ができなくなり、インコたちが取り残される悲しいケースも増えているようです。**大型のインコ・オウムなら2世代、3世代とお世話を引き継ぐことになる場合も。**インコたちが幸せに天寿をまっとうできるかどうかは、飼い主さんにかかっています。飼い始める前に、終生飼育をする覚悟を持ち、飼い主さんにもしものことがあったときのお世話についても考えておきましょう。

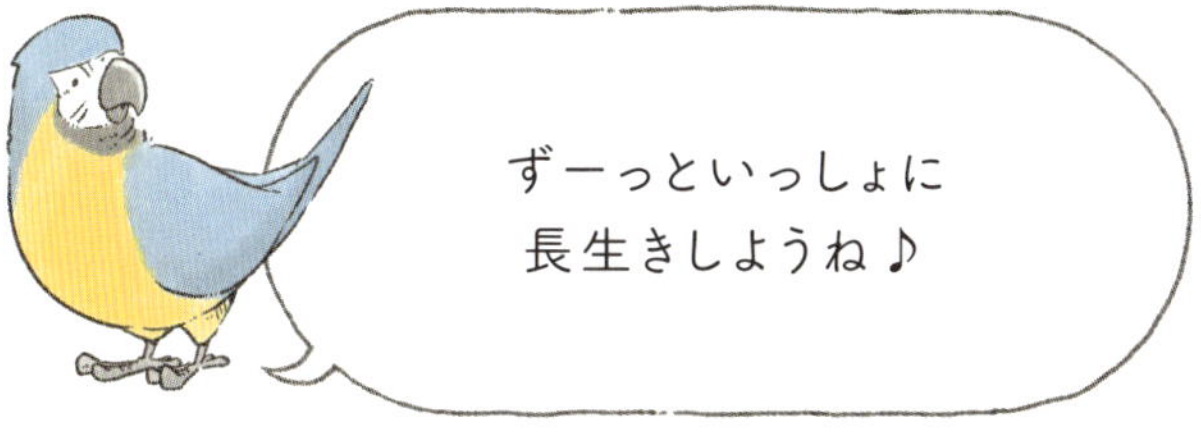
ずーっといっしょに
長生きしようね♪

22 ヒトの幼児並みの知能

ワガママも賢さゆえ

「鳥頭」という言葉があるように、鳥は頭が悪いというイメージがありました。しかし、実態はその真逆。**体の大きさに対し脳の占める割合を見ると、人間と同等の大きさの脳を持つ鳥もいます。**人間の脳で記憶や学習をつかさどる海馬や大脳皮質と同じ機能も鳥の脳には備わっており、**人間の2歳児並みの知能を有する**ことが近年の研究で明らかになったのです。とくに賢いことで有名なヨウムの知能は3〜4歳児並みともいわれます。

　飼い主さんの服装や持ち物を見て帰宅時間が遅いことを察して不機嫌になったり、一度咬んだら要求が通ったことを覚えて何度も咬むようになったりと、飼い主さんを困らせるのも賢さゆえ。そんなときは2〜3歳の幼児を相手にしている気持ちでうまくごきげんをとったり、咬まなかったらごほうびをあげるなどの方法で望ましい行動に誘導していきましょう。

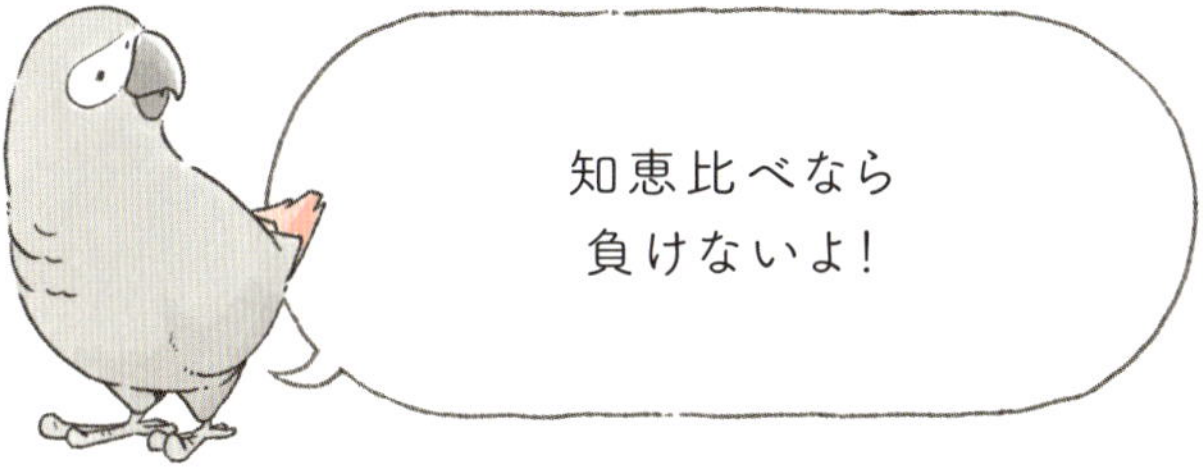
知恵比べなら
負けないよ!

COLUMN

インコ・オウム豆知識❷ ／ ケージはどこに置く？

ペットのインコ・オウムは基本的にケージで暮らすため、自分で居場所を選ぶことができません。そのためケージの置き場所が重要になります。

インコ・オウムが何よりも寂しいと感じるのは、ひとりぼっちのとき。人の気配が感じられない玄関や寝室は避け、飼い主さんがおもに生活するリビングなどにケージを置きましょう。料理の煙などが出るキッチンや、気温差が大きくなる窓のそば、音がうるさいテレビの横は避けて。位置は人間の目線と同じか少し高いくらいに。ケージの一方が壁に面していればベストです。複数飼いで仲が悪くなければ、ケージを隣同士にしてほかの鳥の姿が見えるようにしてあげてもOK。ケージに戻りたがらない子には、ケージの中が楽しく安心な場所だと思ってもらえるよう、オモチャを入れるなど工夫をしてみましょう。

PART3

個性さまざま

23 セキセイ♂のつぶやき

おしゃべり上手は練習の賜物

38ページで前述したように、インコ・オウムはお手本となる「鳥のさえずり」からおしゃべりを学習します。だから**人間のもとで暮らす鳥は、飼い主さんの声から学んでいるのです。**さえずるのは主にオスで、メスよりもオスの方がおしゃべりしやすく、とくにセキセイインコのオスはおしゃべり上手として知られています。

鳥はまず頭の中にお手本となるさえずりを記憶し、声を出しながらそのお手本とずれている部分を修正していきます。

最初は下手ですが、練習を重ねることで上達していきます。「グジュグジュ」と何やらひとりごとのようにつぶやいているのは、「ぐぜり」と呼ばれる練習段階のさえずり。人間の子どもが「まんまま－」などとりとめのない発声をしながら、やがて「ママ」など意味のある言葉を話すようになるのに似ていますね。眠いときにグジュグジュとつぶやくこともあります。

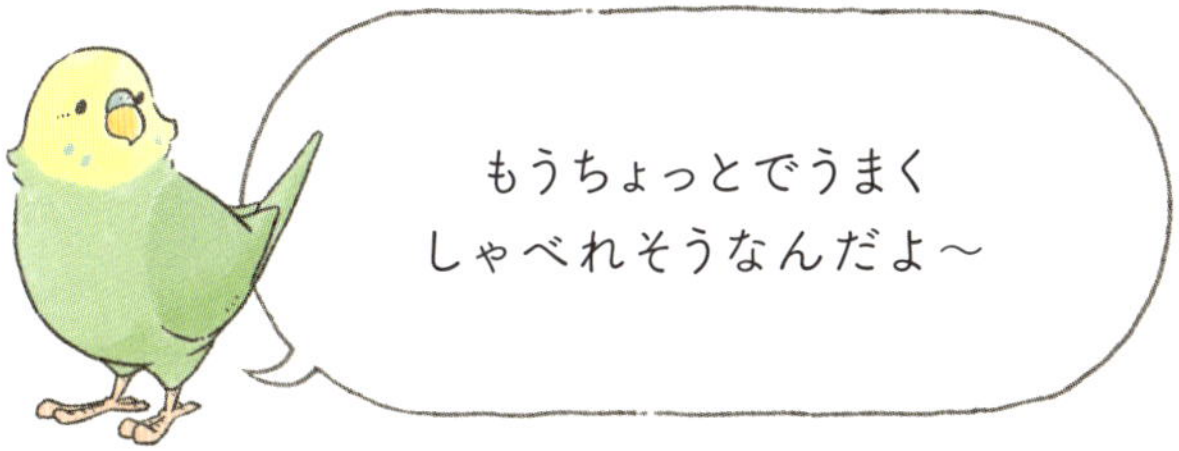
もうちょっとでうまく
しゃべれそうなんだよ～

24 オカメの創作メロディー

歌のアレンジはモテるため！

人間の言葉を覚えるのが得意な子もいれば、歌や口笛のまねが得意な子もいます。どちらのタイプになるかは、鳥種や個体差が大きく影響しています。とくにオカメインコには後者のタイプが多いようです。おもしろいのは、オカメインコはアレンジするのが好きということ。お手本通りではなく、ちょっぴり節を変えたり、覚えたいくつかの歌を混ぜて歌ったりします。メドレーで歌っているうちに混ざっていくことも……。

オスのさえずりはメスへのアピールにも使われるもの。そして**より複雑な鳴きかたができる、幅広い声を出せるオスの方がメスにモテることがわかっています。**オカメインコの創作メロディーは「ぼく、こんな歌い方もできるよ！」というアピールなのでしょう。ちょっと音程が外れて音痴に聞こえても、オカメの個性を楽しんであげてくださいね。

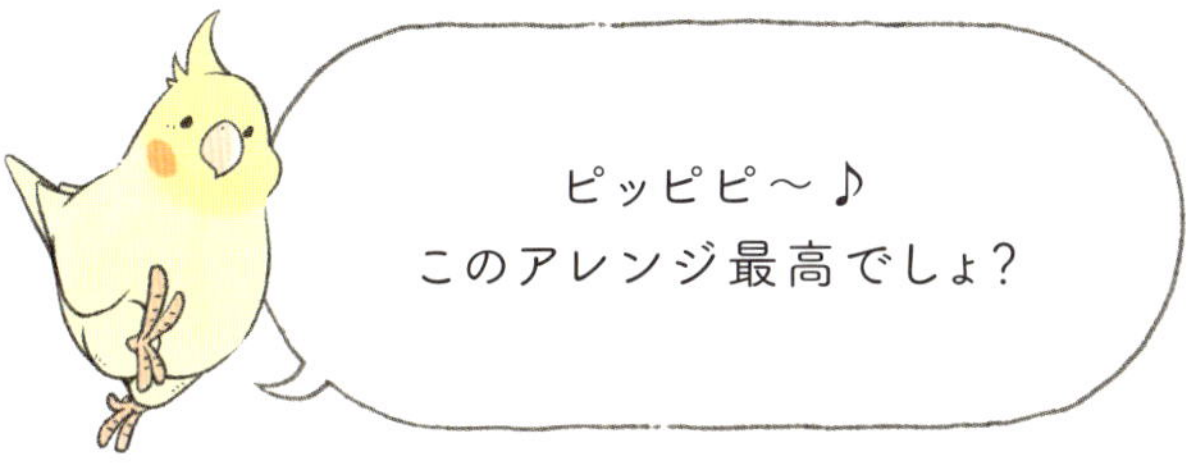
ピッピピ～♪
このアレンジ最高でしょ？

25 音楽大好き！

ただいま〜
ズン
ジャラ
リンリン
ブン ブン
おっ!! 音楽でおむかえかい うれしいね♪
リン リン
ジャラ ジャラ
ブン ブン
ズン ズン チャ
学生時代…
鬼のギタリストとよばれた昔の血がさわぐ……
ズン ズン チャ
ブンブン
リン リン
ジャラ ジャラ
ウズ
ウズ
いくぜ!! オマエラァー!!!
ウルサァァァイッ!!!!
夜中にさわいだらアカン!!
ガミー！
ガミー！
ガミー！
あれが本物の鬼だ…
鬼だ…
寝たフリしよ…

暮らしの中に音は欠かせない

オーストラリアに生息する**ヤシオウムのオスは、メスへのアピールのために道具を使ってドラミングすることが知られています。**木の枝を足で持ち、空洞になった木に打ちつけて音を出します。そのリズムは一定したテンポを保つというから驚きです。

ペットのインコ・オウムも、遊びの中で同じようなことをします。くちばしを止まり木やケージの柵に打ちつけて音を出すのが好きな子もいれば、鈴のついたオモチャをつついて鳴らすのが好きな子もいます。コザクラインコやタイハクオウムなど、飼い主さんが指で机をコンコンと叩くと、まねしてくちばしでコンコンと返すのが得意な子も。オカメインコなどは、タップダンスのように足でリズムをとることもあります。**歌を交互に歌ったり、リズムを打ち合ったりと、プロのミュージシャン顔負けのセッションをすることも、**心の通った飼い主さんたちなら可能なのです。

リズムに乗って
コンコンコンコン♪

26 セキセイとオカメ

ことり病院
トコ トコ
こんにちは
こんにちは
オカメちゃんですか?
ピィ
ピィ
そーなんです♫
お姉さんのとこはセキセイさんね
うちの子は粟穂が大好きで…
それ!うちの子も♫
カイヌシたち楽しそう♪
ボクらもうれしいね♫

ちょっと異なる人気の二種

日本で飼われているインコ・オウムの上位につねにランキングしているのが、セキセイインコとオカメインコ。どちらも飼育歴が長い、人気の種類です。**セキセイはインコ、オカメはオウムと分類学上でも異なりますが、その違いは生態にも現れています。**

たとえば、セキセイインコは求愛するときは相手に吐き戻しをよく行います。一方のオカメではほとんど吐き戻しを行いません。オカメインコはダンスや歌でメスにアピールすることが多いようです。

そして、野生下でも二種の行動は異なります。どちらも巣には樹洞《じゅどう》（木のうろ）を使いますが、セキセイインコは主にメスが樹洞を探します。一方、オカメインコはオスが樹洞を探す役割を率先して行うようです。一見すると、同じ鳥というカテゴリーでくくってしまいそうですが、ふだんの行動の中でも微妙な違いが出てくるのがおもしろいですね。

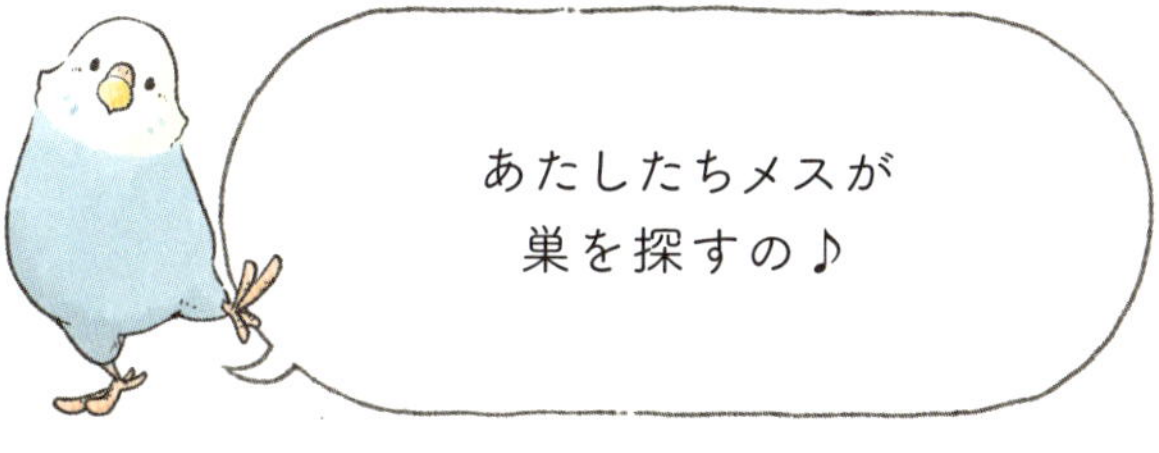
あたしたちメスが
巣を探すの♪

27 家庭内BL!?

バジルも落ち着いてきたのぉ
そうだねぇ
思えば昔…バジルがじいさんに恋していた時期があったねぇ
あったのぉ
おいおいバジル歩けないよぉ
おやおや甘えんぼだねぇ
カイヌシだいすきー
ボーイズラブにドキドキしたもんじゃ♡
キャー
ボーイズラブ?なんじゃそれ
新しい野菜か!?
……

求愛さまざま

インコ・オウムの求愛行動は吐き戻しやダンス、歌にとどまりません。鳥の種類によって、それぞれ違いがあるようです。

ユニークなのは、ワカケホンセイインコ。翼を開いて上にあげながら、メスの周囲をゆったりとした動きでダンスします。その恰好は後ろから見るとハートの形そっくり。ダンスの合間にはメスのくちばしにキスを欠かしません。キバタンはオスだけでなくメスも求愛ダンスに参加しているように見えます。おたがいに体をこすり合わせ、オスは身をかがめてメスのお尻にキスをします。マメルリハは小さな体を震わせて、首から上を独特の動きで動かします。ゴシキセイガイインコはそれに加え、頭をゆっくりと左右に動かします。ここで紹介したのはほんの一例。なぜこんな行動をとるのかのはっきりとした理由はわかっていませんが、どのオスもメスのハートをつかむのに最適な行動を見つけ出したのは確かです。

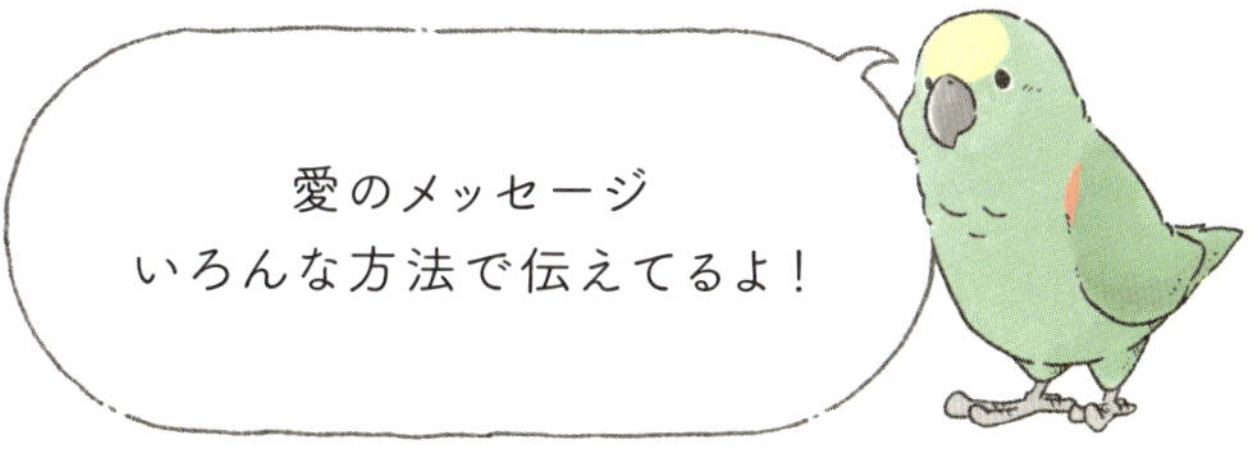
愛のメッセージ
いろんな方法で伝えてるよ！

28 異種愛もアリ

ママーー！
ラムネがソラマメに
おしり上げてるよーー!!
レロレロレロ
ソラマメも
吐き戻し
しちゃってるね
ウン
ウン
ソラマメとラムネ
お互いが好き同士に
なったみたいね
すごーい！
違う鳥さん
なのに！
あたしもカレシ
ほしーー!!
ハナコには
まだ早いわね…

幼少期に見たものが恋愛対象になる

犬は生物学上一種類なので、チワワとダックスフントの間でもカップルが成立し、繁殖をすることが可能です。一方、インコ・オウムは種類が異なるため、犬のような繁殖は難しいといわれています。**一見同じに見えますが、犬同士よりもインコ・オウム同士のほうが、生物学的には遠い存在**なのです。

しかし、体の小さなセキセイインコが、中型のオウムに求愛の吐き戻しを送ることがあります。このような異種間の愛が生じてしまうのは、インコ・オウムが「性的彫刻《ちょうこく》付《づ》け」を持っている生き物だから。**幼少期に見たもののうち、目があるものを異性として好きになってしまうという性質を持っているのです。**幼いころに同居の違う鳥を見て恋をしたり、ぬいぐるみに恋をしてしまったり、はたまた飼い主さんに恋をしたり……。インコ・オウムの愛は種類を超えた壮大な愛の物語なのかもしれません。

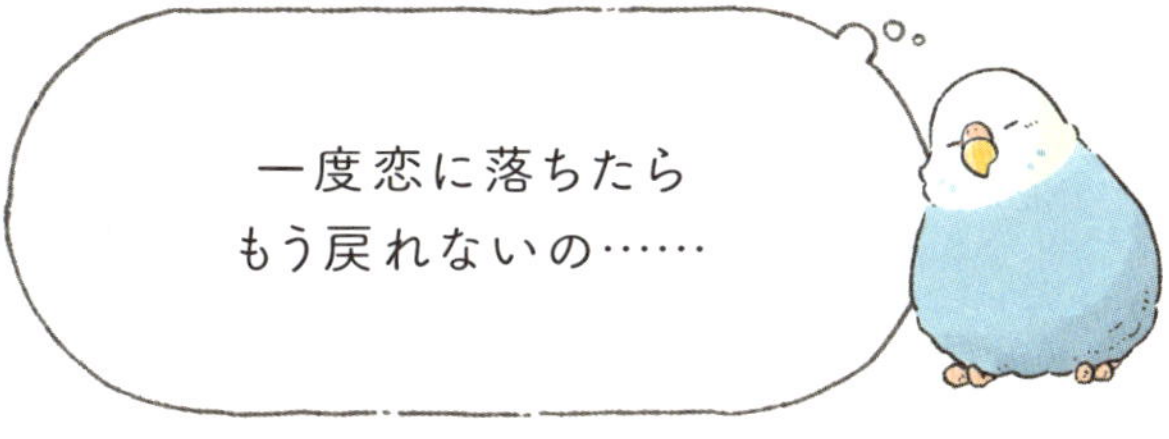
一度恋に落ちたら
もう戻れないの……

COLUMN

インコ・オウム豆知識③ ／ 病院選び

病院選びがインコ・オウムの寿命を変えるといっても過言ではありません。健康なうちからかかりつけの動物病院を探しておきましょう。

診察できる動物の中に「鳥」と書いてあっても、インコ・オウムに詳しくない獣医さんも多いのが現状です。信頼できる動物病院を見つけるには、口コミも参考になりますが、実際に足を運び、健康診断を受けてみるのがいちばん。糞便検査だけでなくそのう検査も行ってくれるか確認をしましょう。獣医さんと飼い主さんとの相性も大切です。飼育の相談などもしやすい雰囲気なら安心ですね。

動物病院への移動には移動用キャリーがおすすめ。病院通いのストレスを少しでも軽減できるよう、ふだんからキャリーを遊び場にするなどして慣らしておくといいでしょう。

PART4

まねっこ好き

29 音まねは得意技

ピンポーン
だれか来た!!
だれも来てないや…
おかしいなぁ…
プルルルル!
次は電話だ!!
もしもーし
もしもーし…
へんだなぁ…
ケラケラケラケラケラケラ…

学習能力バツグン

「ピンポ～ン」あれ、チャイム鳴った？「はーい。今行きまーす」と玄関に向かおうとしたら、ふたたび「ピンポ～ン」。あれ？ 聞こえるのはケージの中から！ だまされた～！

こんないたずら（？）は、ものまね上手なインコ・オウムには朝飯前。カケスなどの野鳥も、車のクラクションをまねすることがあります。野鳥の場合、犬の鳴き声をまねすることで敵を退けたり、ほかの鳥を驚かせたすきにエサのおこぼれをもらったりと、生きる上で重要な技です。しかしペットのインコ・オウムは、**飼い主さんの反応が面白くてやっていることがほとんど**。洗濯機などの終了音、玄関チャイム、携帯電話の着信音といった電子音はなぜかまねしやすいよう。「なんだピーちゃんだったのね」などと飼い主さんが反応してくれるので、インコ・オウムは好んで覚えます。家の中のあらゆる生活音を覚えてしまう、学習能力の高い子もいます。

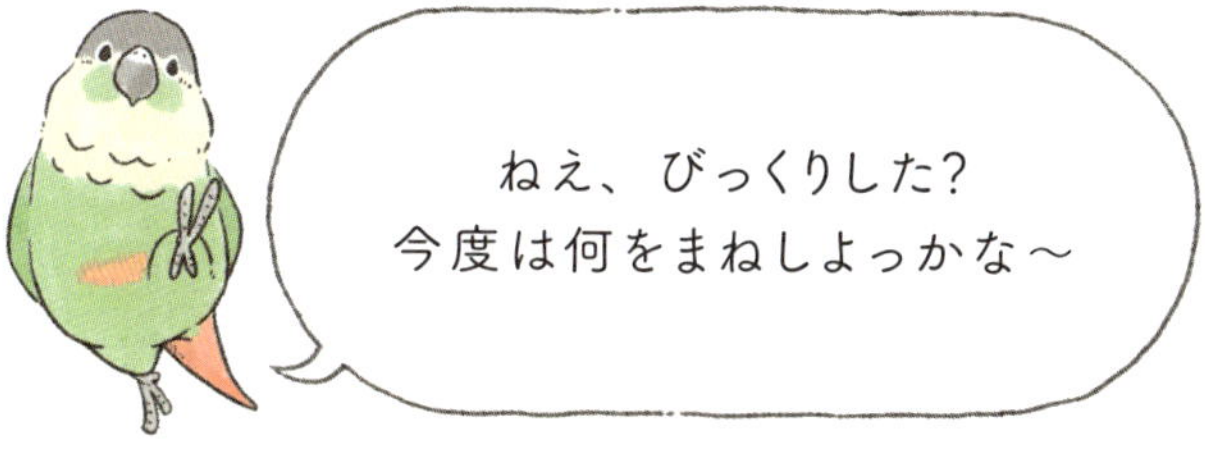
ねえ、びっくりした？
今度は何をまねしよっかな～

30 まぎらわしい音まね

恥ずかしい音こそまねされやすい!?

ものまね上手なインコ・オウムに生活音をまねされるのは楽しいものですが、おならやしゃっくりなど、ちょっと恥ずかしい音までまねされるのは困りもの。さらに、飼い主さんの咳やくしゃみの音を覚えてまねする子も！「風邪ひいちゃった？ 大丈夫？」と心配してもらえるのがうれしくて、繰り返し「クシュン、クシュン！」とやる子もいるようです。

ただし気をつけたいのは、音まねだと思っていたら本当に体調不良、というケースもあること。くしゃみをして鼻汁が出ていれば病気だとわかりますが、鼻汁が出る前の軽い段階のくしゃみだと、判断は難しくなります。いつもと変わったようすがないか、元気や食欲なども気をつけて見るようにして、くしゃみを繰り返すようなら念のため動物病院へ。咳も同様に、何度もしているなら診察を受けるようにしましょう。

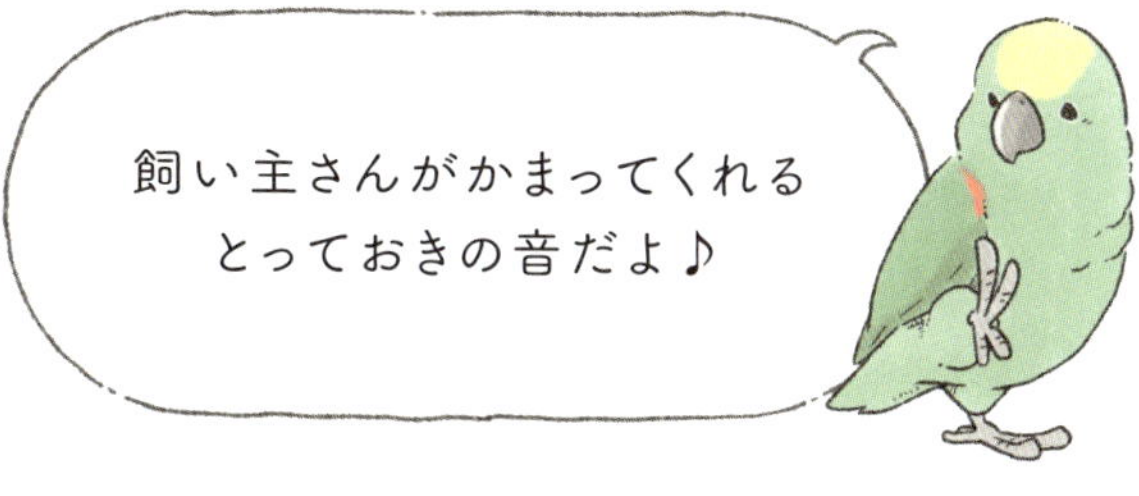
飼い主さんがかまってくれる
とっておきの音だよ♪

31 レパートリーたくさん

言葉をまねする仕組み

人間は喉にある「声帯」から声を出しますが、**インコ・オウムは気管から気管支への分岐部にある「鳴管《めいかん》」という器官を使って音をつくりだします。**さらに呼吸や舌の動きなどを組み合わせることで、さまざまな声を出すことができます。鳴管の周囲には「鳴管筋《めいかんきん》」という筋肉があり、オスの方が発達しています。**鳴管筋は男性ホルモンによって発達する筋肉**です。このため、オスの方がおしゃべり上手というわけです。メスに対していい声でさえずることができるオスのほうが、より魅力的なメスをゲットでき、恋の競争で生き残れるという、なんとも理にかなった仕組みですね。

また、人間の「あ」とインコ・オウムの発する「あ」の音は同じように聞こえても、音を視覚化した波形の図を見ると、形状は異なっているのだとか。人間は鳥のようなさえずりのまねは難しいので、どちらもできるインコ・オウムたちの「鳴管」は高性能です。

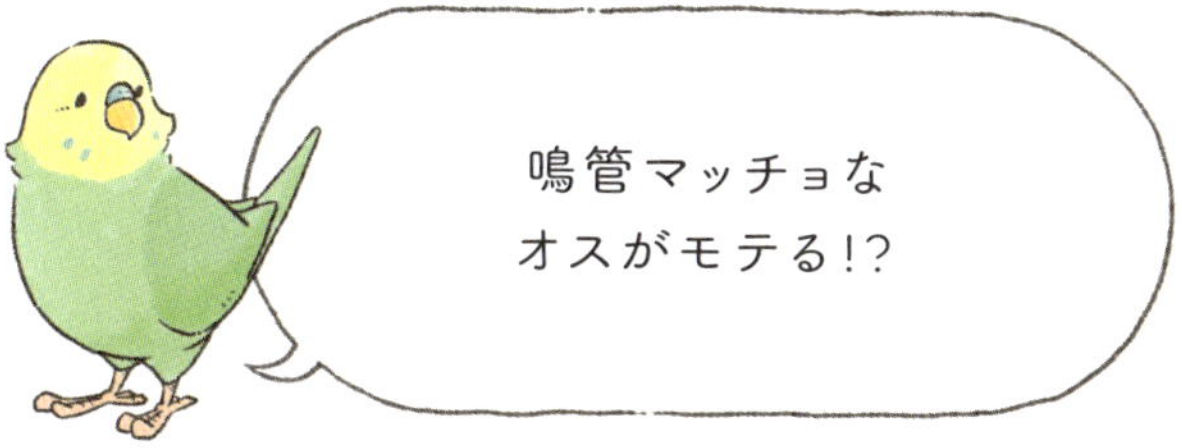
鳴管マッチョな
オスがモテる!?

32 おしゃべり上手

パパ おかえり
おかえり
ただいま♫
ゴマシオは おしゃべり上手だねぇ
パパ ゴハン
ゴハン!!
そういえば ママが…
ゴハンと言ったら ペレットひとつぶ ごほうびにあげてね♡
うふ♡
ハイ ごほうびだよ
モグモグモグ
ゴハン!!
ゴハン!!
ゴハン!!
ひとつぶだけだってば… 覚えるの早すぎ…
ひとつぶ以上は あげちゃだめよ!! 食べすぎ よくないから!!

おしゃべりしてもらうには?

インコ・オウムがしゃべる理由は❶飼い主さんと同じ鳴き声（言葉）でコミュニケーションをとりたい、❷音まねと同様、飼い主さんが反応してくれるのがうれしい、❸しゃべったらごほうびがもらえるなどいいことがある、❹まねしてしゃべるのが楽しい遊びになっている……など。人間が好きで、いろいろなことに興味を持つ好奇心旺盛なインコ・オウムはおしゃべりにも意欲的になる傾向があるようです。鳥種ではセキセイインコ、ヨウム、ボウシインコ、白色オウム類、コンゴウインコ類、性別ではオスは言葉を覚えやすいとされていますが、もちろん個体差があることは忘れずに。

話しかけたときに、こちらの声をじっと聞こうとするようすが見られたり、「もっと話して」と飼い主さんの口元に顔を寄せてきたりしたら、言葉を教えるチャンス。短い言葉から教え、よくできたらたくさんほめておしゃべり能力を伸ばしましょう。

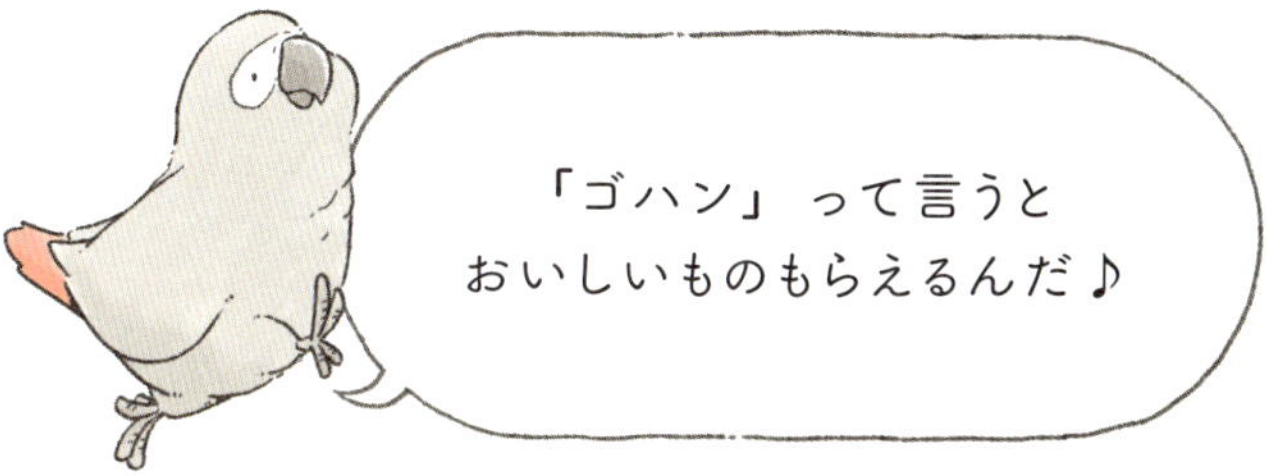
「ゴハン」って言うと
おいしいものもらえるんだ♪

COLUMN

インコ・オウム豆知識④

野生のインコ・オウムの暮らし

セキセイインコとオカメインコはともにオーストラリアが原産の鳥です。数十から多いときは数千羽にもなる群れをつくり、エサや繁殖に適した土地を求めて移動しながら暮らします。ハヤブサなどの猛禽類やヘビなど多くの外敵がいますが、襲われたときは集団で同じ動きをしてかわすのだとか。基本的には同種の群れで暮らし、ときにはほかの鳥種といっしょに移動することも。

野生のインコ・オウムはノーマルカラーしかいないので、セキセイは体が黄緑で頭が黄色。オカメはグレーの体に黄色い頭。セキセイの派手な色は目立ちそうですが、ユーカリの木やイネ科の草原の中では保護色になります。オカメもグレーの体色が枯れ木の色になじむのだとか。自然の中でたくましく暮らすインコ・オウム、一度は見てみたいですね。

力を合わせて
生きてるよ

PART5

しぐさあれこれ

33 ごきげんアピール

うきうきワクワク♪

インコ・オウムの顔には表情をつくる筋肉がほとんどありません。そのため顔を見ても気持ちがわかりづらいかもしれませんが、**インコたちは鳴き声やさまざまなしぐさで気持ちを伝えています。**

うれしいときは、全身で喜びを表現。頭を上下に振ってダンスをしているときはかなりハッピーな気分です。飼い主さんにほめられればさらにノリノリに！　頭をグルグル回したりする子もいます。

左右にタタタッと動き回るのは、「遊んで遊んで～！」とそわそわワクワクしているとき。こんなときに期待通り遊んであげれば、インコたちからあなたへの愛が高まること間違いなしです。

あなたが近づいたときに、翼と足を片方ずつ伸ばしてストレッチを始めたら、「遊んでもらえるかな？」と期待して体を動かす準備をしています。「準備万端だね！」と遊んであげれば大喜びするでしょう。

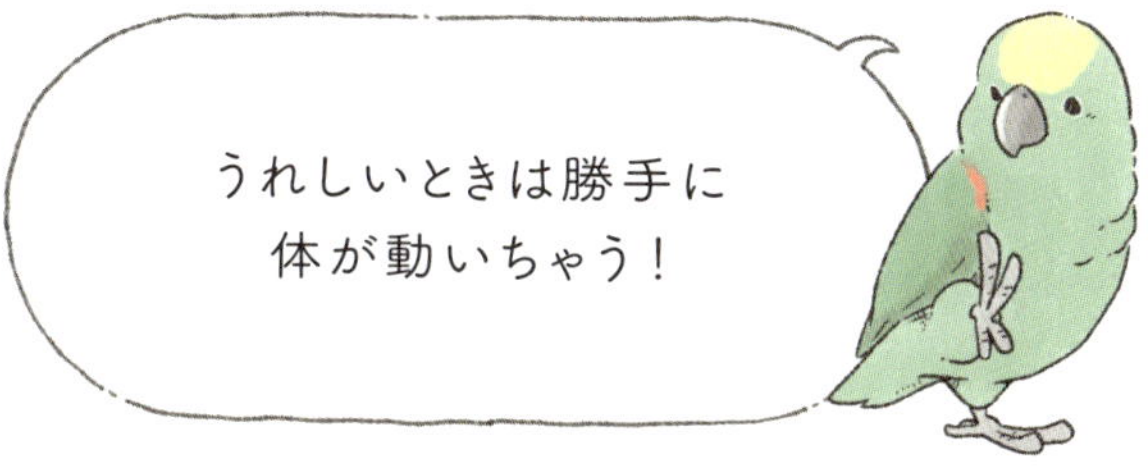
うれしいときは勝手に体が動いちゃう！

34 甘えんぼ♪

じーっ
じーーっ
そこそこ
カキカキ
甘えんぼさんね〜♫
かいてください
ハイハイ
…視線を感じる…
次こっち!
じーーっ
ジェラシー…

かまってほしいときもある

好きな人を見ていたいのは、インコ・オウムも人間も同じ。鳴いて呼ぶほどではないけれどちょっとかまってほしいな〜というとき、飼い主さんをじっと見つめていることがあります。インコたちからの熱視線に気づいたら、「どうしたの?」と声をかけてあげて。**飼い主さんに向かって頭を下げてくるのは「カキカキして〜」のおねだり**。指先でかいてあげるとうっとりします。「次はこっちをお願い」と、顔の角度を変えてかいてほしいところを差し出してくることもあるので、なるべく要求にこたえてあげましょう。適当にかいていると「そこじゃないってば!」と咬みつかれることもあるのでご注意! つがい相手とのカキカキは愛を伝え合う行為でもあるので、飼い主さん相手に発情してしまうことも。発情しているときは、甘えられても体を触るようなふれあいは控えめに。ほかの遊びなどに誘ってみてくださいね。

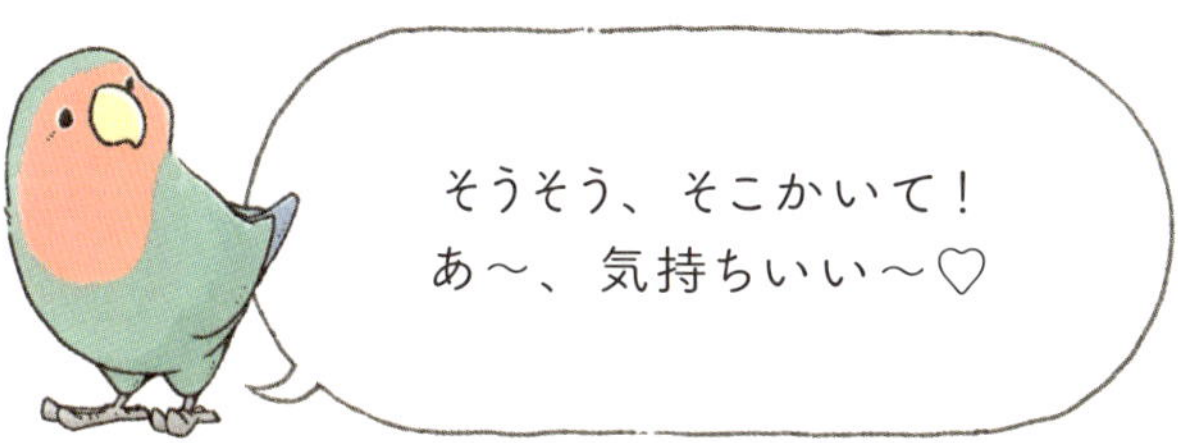
そうそう、そこかいて!
あ〜、気持ちいい〜♡

35 興味しんしん

新しいオモチャよ
なになにー?
ドキ
ドキ
ドキ
おそる
おそる…
ツン
ツン
わーい!!
ブン
ブン
あっという間にお友だちになったのね
たのしー!!
ぐるりん!
あらあらひっくり返っちゃった
クス
クス

瞳孔は興味のサイン

インコ・オウムの表情は、目に気持ちが表れます。**怖いときは瞳孔が開き、怒ったときは瞳孔が縮み、葛藤しているときは瞳孔が開いたり縮んだりします。**新しいオモチャなどを見て瞳孔が開いたり縮んだりしていたら、「何だろう？　気になるな～」「怖くないかな？　そばにいってみようかな？」と、興味を持って考えているところです。しばらくすると、くちばしでつついてみる、かじってみるなど一歩進んだ行動に出るかもしれません。

46ページで前述したように、首をかしげて耳をこちらに向けていたら、飼い主さんの声をよく聞こうとしているし。さらに瞳孔が開いたり縮んだりしていたら、かなり興味を持って集中しています。やがて言葉を覚えておしゃべりする日も近いかも！　好奇心旺盛な子はヒナのときから、瞳孔が開いたり縮んだりするようすがよく見られます。

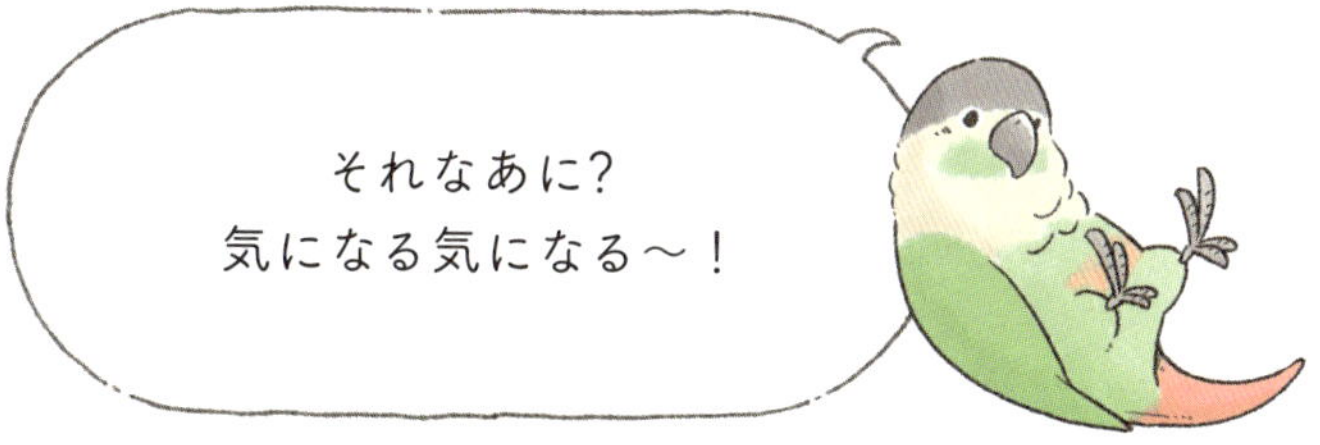
それなあに?
気になる気になる～！

36 気持ちは冠羽に出ちゃう

ちょっと怖いときのサイン

オカメインコは、名前はインコでも実はオウム科。オウム科の鳥の頭には冠羽があります。

気持ちは冠羽に表れます。落ち着いているときの冠羽は寝ていますが、気持ちが昂ると冠羽も立ちます。冠羽が立ったり寝たりしているのは、88ページで前述した瞳孔の収縮と同じで、気になるものを見つけて興味を持ち「そばに行ってみようかな？　逃げようかな？」などと迷っているときです。**気持ちの揺れが冠羽も動かしているのですね**。

姿勢を低くするのも、新しいものに出会ったときよく見られる姿。「飛んで逃げるほどではないけどちょっと怖い」という気持ちです。強気なインコは体を大きく見せようとしますが、怖がっているときは小さくなります。物陰に隠れてそっと覗く子や、飼い主さんの肩にとまって髪の毛の間からチラチラとようすをうかがう子もいます。

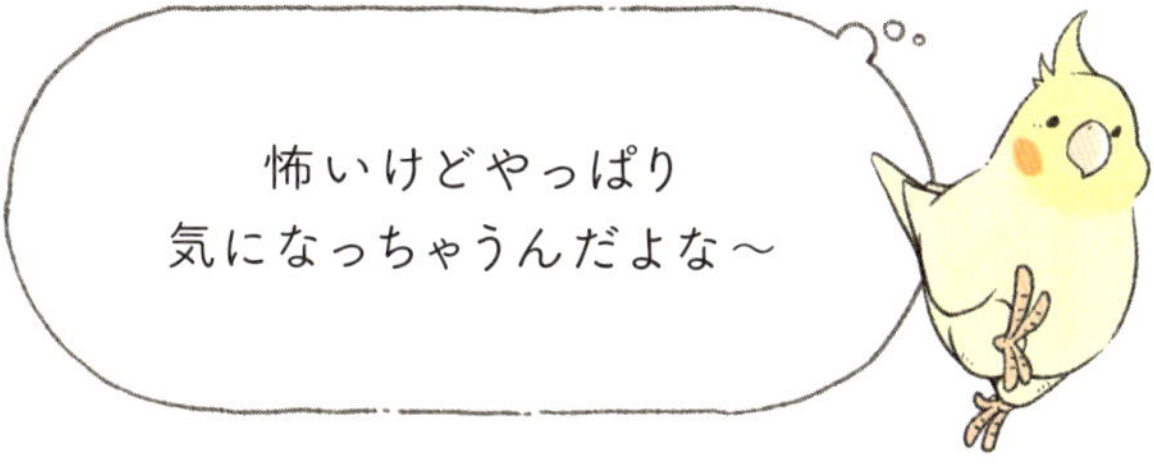
怖いけどやっぱり
気になっちゃうんだよな～

37 ドキドキ

わ〜い
新しいテレビが
届いた♪
TORY
よいしょ
よいしょ
!
ドキ
ドキ
バタ
バタ
バタ
あわ
あわ
ドキ
ドキ
ドキ
ごめん
ごめん…
おどろかせ
ちゃったね…
怖かったよ〜…
ほんとごめんね…
なれるまで
遠くに置いておくね

緊張は体に出る

オカメインコの冠羽が少しだけ立っているときは、不安な気持ち。「ちょっと怖いなあ……」とドキドキしています。そこから警戒状態になると、冠羽がピッと立ちます。

冠羽を持たないインコも、わかりやすいサインを出します。緊張や恐怖を感じたとき、人間は「身が縮む思いがする」ことがありますよね。インコの場合、そんなときは自然に体が縮んでしまうようで、**シュッと体が細くなります。そして瞳孔は体とは反対に大きく広がります。**緊張状態のときは警戒心も高まっているので、周りの状況をよく見て危険を避けようと、目を見開いているのです。

このように瞳孔が広がり体を細めているときはかなりの緊張状態なので、インコ（もちろんオウムも）が怖がっているものがわかればすぐに取り除くようにしましょう。びっくりさせるとパニックになる場合もあるので、優しく声をかけて安心させて。

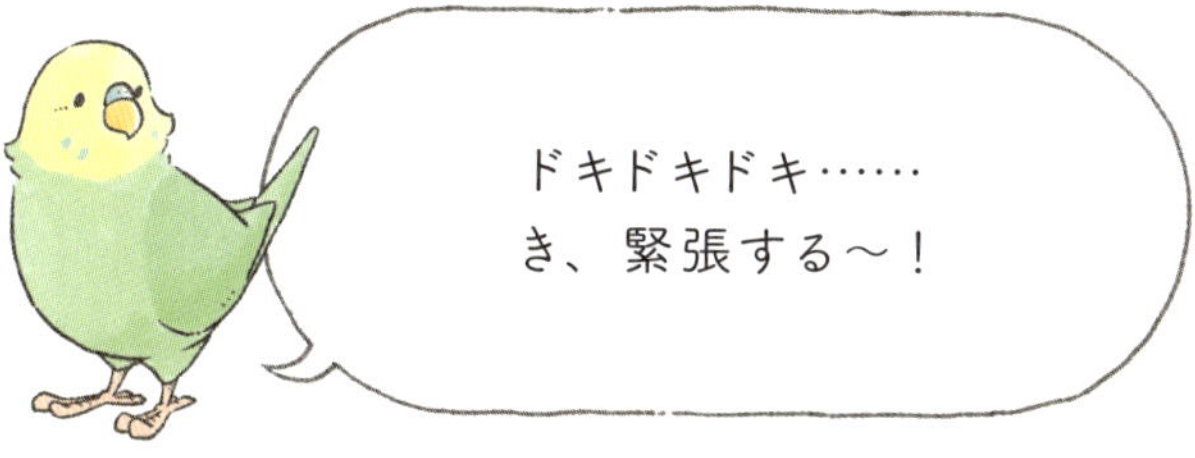
ドキドキドキ……
き、緊張する〜！

38 嫌なの～

よーし
パパがカキカキして
あげよう！
なになに？
おいでおいで～
プイッ
イヤ
嫌だって
ほらほら
こっちおいでよ～
もう逃げられないぞー
カキカキしてあげるから
こっちおいでー
気持ちいいぞ～～♫
だから
嫌だって
パタ
パタ
パタ
パタ

「嫌」のサインを見逃さないように

インコ・オウムが「嫌だ」と意思表示をしているのに飼い主さんが気づかずしつこくすると、「空気読めない奴！」と嫌われてしまうかもしれません。インコ・オウムの「NO」を見逃さないで。**目をそらすのは、「それは好きじゃない」「今は遊ぶ気分じゃないの」など、飼い主さんの提案が気に入らないサインです。**

後ずさりするのも、嫌がっているとき。新しいオモチャを差し出されたときなど、「ちょっと怖いけど気になるから離れてようすをうかがおう」ということもあります。

「もうやめて！」「しつこいな！」とイライラしたときは羽をバタバタ。「まだ遊びたいの！」など、不満を表していることも。軽くパタパタ〜激しめにバタバタ〜と、イライラ度に応じて羽ばたきも大きくなります。嫌なことがあったときに自分の気持ちを落ち着けるために、パタパタッと羽を動かすこともあるようです。

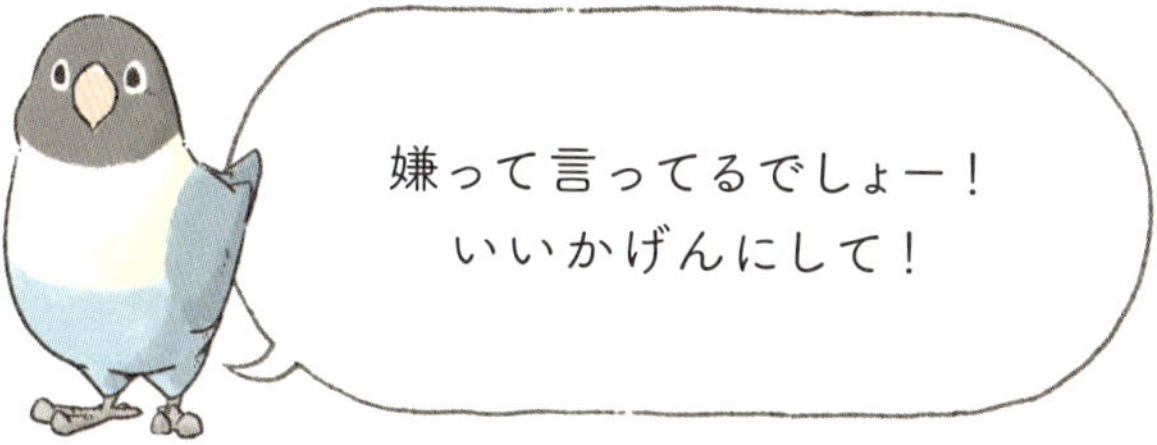
嫌って言ってるでしょー！
いいかげんにして！

39 怒ったぞ

嫌だっていってるのに…!!
ほらほら気持ちいいから大丈夫!
もう怒ったぞっ!!
ゆら
ゆら
えっ…
ガブッ!!
いたっ!!
あいたたた…ごめんよ…
ごめんね…
パパキライ
も〜…アナタが悪いのよ…もっとスイカの気持ちをわかってあげないと!!

全身で怒りを表現

インコ・オウムの喜怒哀楽のうち、いちばんわかりやすいのが怒りです。瞳孔が縮むのは、興奮サイン。**キュッと黒目が小さくなり、こちらをにらむように鋭い目をしていたらお怒りモード。**目が三角になり、いかにも「怒ってます！」という顔になるのでわかりやすいですよね。ただし、まだこの段階では軽く不機嫌なだけでそれほど怒ってはいない場合もあります。

顔の羽をブワッとふくらませ、オウムなら冠羽も立てて、くちばしを開け「カーッ」と威嚇してきたら、かなり怒っています。怒りMAXになるとさらに息を「フーッ」と吹きます。

顔の毛をふくらませながら、ユーラユーラと左右に揺れているときも要注意。体を揺らすのは、自分を大きく見せて相手を威圧するため。攻撃的な気分になっているので、こんなときは手を出さず、そっと距離を置くのが得策です。

プンプン！
怒りMAXだよ！

40 眠い

ラムネはかわいいね〜
ピッ
ふぁ〜〜
ふぁ〜〜ホントに眠くなってきた…
ギョリギョリギョリ
ふぁ〜〜
ラムネもあくび？うふふ
あらあらそろってお昼寝しちゃったのね
スヤ
スヤ
スヤ
スヤ

あくびが出るほど眠い

眠いとき、あくびが出るのは人間だけではありません。インコ・オウムもくちばしを大きく開けてあくびをします。人間やチンパンジー、犬などはあくびが他者から「うつる」ことが知られていますが、**最近のセキセイインコの研究では、ほかのセキセイインコや飼い主さんから「もらいあくび」することがあるとわかりました。あくびがうつるのは共感能力が高い証とされています。**群れで暮らし、行動や鳴き声を相手に合わせるインコ・オウムに「共感力」があるのは当然ともいえるかもしれません。なかには飼い主さんのあくびをまねして「ふわあ～」と言う子もいます。

　くちばしをギョリギョリと擦り合わせるのも、眠いときにするしぐさ。寝る前にくちばしを研いでお手入れするのが、インコ・オウムの寝る前の習慣のようです。人間でいうと眠る前の歯磨きのようなものでしょうか。ギョリギョリしながら寝落ちする子もいます。

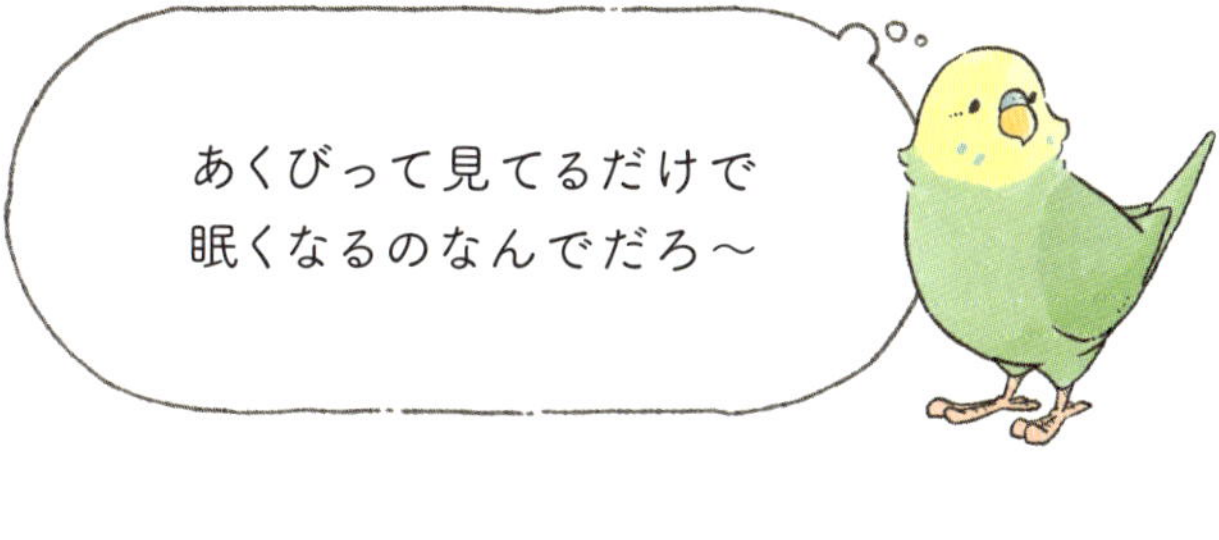
あくびって見てるだけで
眠くなるのなんでだろ～

41 寝姿さまざま

姿勢で安心度がわかる

ほとんどのインコ・オウムは、止まり木の上で寝ます。**野生下ではいつ敵に襲われるかわからないので、もともと睡眠は浅いといわれています。外敵に襲われないように、なるべく木の高い位置で体を休めているのです。**

たまに片足立ちで寝ていることがあります。足が寒いから羽毛のなかに隠している、もしくはちょっと休憩という感じです。くちばしを背中にうずめているときもあります。こちらもくちばしが寒いから温めている場合もありますが、同時にリラックスもしています。

なかにはケージの底で、うつ伏せで寝る子もいます。ここは安全な環境だと理解しているのでしょう。コガネメキシコやゴシキセイガイインコなどは、仰向けにゴロンと寝ることがあるようです。ただし気をつけたいのが、止まり木にとまれないほど体調が悪くて、そんな寝姿になっているケース。急に寝姿が変わったら要注意です。

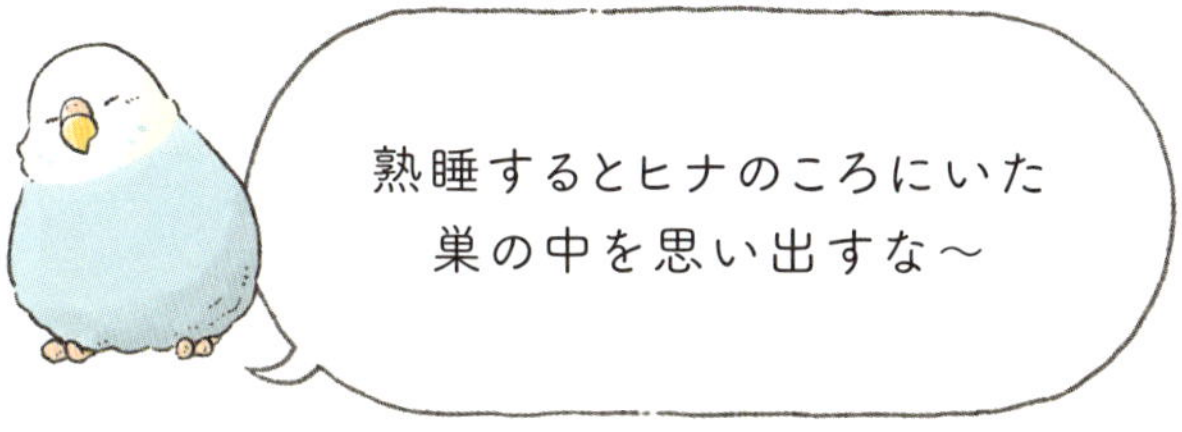
熟睡するとヒナのころにいた
巣の中を思い出すな～

42 コラ〜ッ

威張ってます

自分を強く見せたいとき、相手を威嚇するとき、犬や猫などさまざまな動物が、体を少しでも大きく見せようとします。「体が大きい方が強そう」なのは、人間も動物も共通の感覚のようです。

怖いときは体を細めて小さくなる（92ページ）のと反対に、インコ・オウムも強気のときは体を大きく見せようとします。**体を大きく見せるには、翼を使うのがいちばん効果的。尾羽を広げてみせたり、翼を大きく広げたりして相手を威嚇します。**

翼を広げて歩き回っていたら、縄張りのパトロール中。「どけどけ、インコ・オウム様が通るぞ〜！」といった感じでしょうか。同じく翼を広げ、ケージの天井にとまっているときは、「ここは自分の縄張り！　ほかのやつには渡さないぞ！」と主張しています。へたに手を出すとご機嫌を損ねる可能性があるので、そんなときは、しばらくそっとしておきましょう。

どうっ!?
あたちの大きさにビビったでしょ!?

43 オスの発情

ただいまー!!
夜おそくなっちゃった! 放鳥しよっか!
おかえりー!
レロレロ…
あっ… 吐き戻し… 多くなってきたかな… 気をつけないと!!
おしりもフリフリし始めちゃった…
フリフリフリ
よしっ!
♪
いっぱい遊んでごはんで発情抑制しよ!!

オスの求愛は鳥それぞれ

オカメインコやマメルリハなどのオスは、肩をいからせて歩き回る求愛行動をします。102ページの例と同じで、体を大きく見せて「どう？　俺強そう？」とメスにアピールしているのです。

インコ・オウムは愛する相手にエサを口移しでプレゼントします。口からエサを吐き戻すのは、発情しているサイン。オスがすることが多いですが、メスでもする子がいます。

さらに愛がヒートアップしたオスは、おしりをこすりつけて交尾行動を始めることもあります。

発情対象は、異性だけではありません。飼い主さんや、ぬいぐるみ、鏡などのオモチャに発情して、前述の行動をすることも。発情すると攻撃的になることもあり、とくにセキセイインコのオスは精巣腫瘍のリスクが上がります。過剰な発情サインが見られたら、170ページの発情対策を行いましょう。

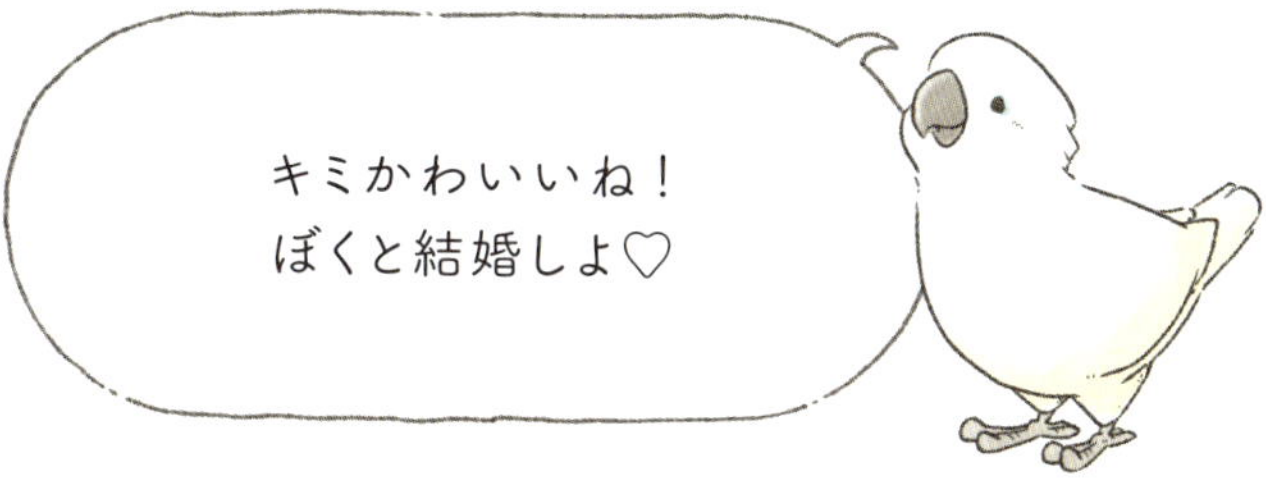
キミかわいいね！
ぼくと結婚しよ♡

44 メスの発情

ほーんと仲よしだね～
ほんとね～
そういえば…昨日、2羽そろって卵産んでいたの…
そうかぁ…
あぁ…発情のサイン！2羽いっしょに発情対策ね!!
ウン！みんなでがんばろうっ!!
フリフリ
フリフリ

繰り返す産卵には注意

メスは発情すると、尾羽を上げて交尾に誘うしぐさをします。ヘリコプターのようなポーズとも言われます。また、巣材になるものを集めたり、せまいところに入りたがったりする行動も見られます。

さらに愛がヒートアップすると、交尾をしていなくても卵（無精卵）を産んでしまいます。**年に1〜2回ほどの産卵なら問題ありませんが、発情しやすいメスは、何度も産卵を繰り返すことがあります。その結果、卵詰まり、卵管炎や卵巣・卵管腫瘍といった病気になることも。**産卵後に一生懸命卵を温めているメスから卵を取り上げてしまうと、またすぐに産卵することがあるので注意が必要です。落ち着いてからそっと卵を取り除くようにして。

オスメスどちらも発情中は気が立って攻撃的になりやすく、発情のストレスから毛引きを始めてしまうこともあります。170ページの発情抑制策を心がけましょう。

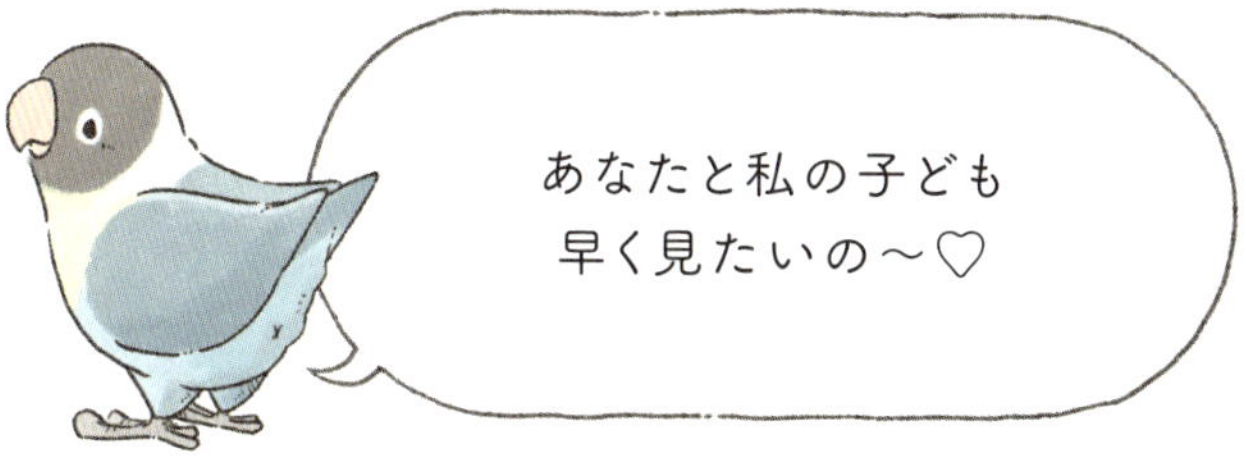
あなたと私の子ども
早く見たいの〜♡

45 寒いとボワッ

ちょっと暑いなぁ…
エアコンの温度下げようっと
ポチ
大変!! ラムネ大きくなった!!
ボワッ
目がおかしくなっちゃった…?
ハナコ〜
鳥は寒いとふくらむの
温度下げすぎよ
ごめんねラムネ…
気をつけるね

羽を膨らませて暖をとる

インコ・オウムは寒いとき、体の羽毛をボワッと膨らませます。**羽毛の間に空気を入れて、体温が逃げないようにしているのです。**びっくりしたときなど一時的に膨らむこともありますが、ずっと膨らんでいるようなら寒がっています。体調が悪くなると食欲・体温が低下し寒がるようになるので、室温が低くないのに寒がっていたら体調不良の可能性が高くなります。ペットヒーターなどで保温し、動物病院を受診しましょう。

片足を上げてジッとしていたり、くちばしを背中の羽毛に埋めて寝たり。これらも寒がっているときのポーズです。羽毛に覆われていない足やくちばしは冷えやすいのでしょう、羽毛に隠して保温しようとしています。少しの時間でやめるようならちょっと休憩していただけということもありますが、長時間このポーズでいるときは温度や体調をチェックし、保温するようにしましょう。

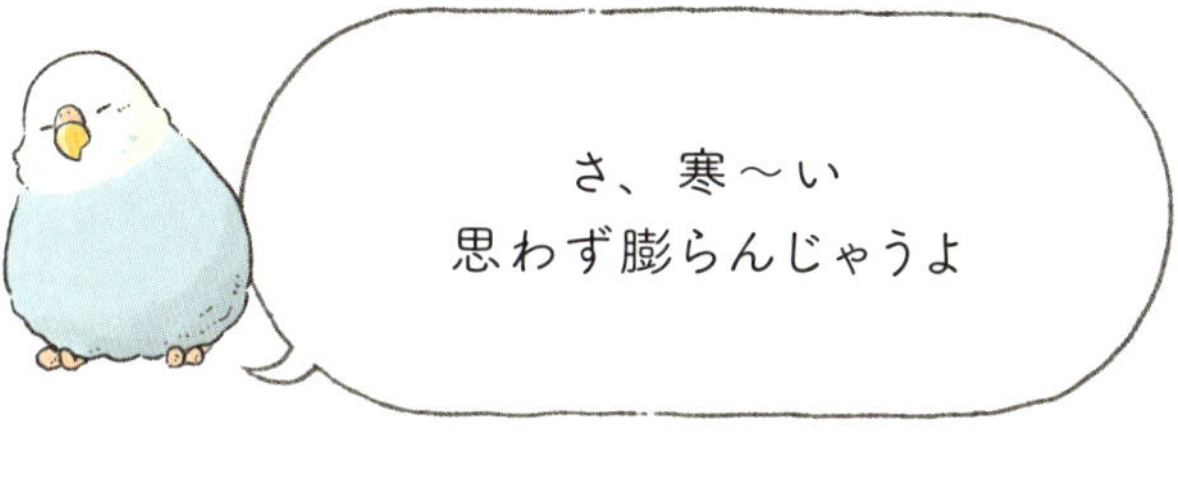
さ、寒〜い
思わず膨らんじゃうよ

46 暑いとハアハア

パク
パク
ワキ
ワキ
タローーーッ！
エアコンツケテーーーッ!!
みんな暑そう…
パク
パク
ワキ
ワキ
ボクも…暑い…
ほーーい!!
ポチッ
私のまねかしら？

暑すぎるのはNG

もしインコ・オウムが、**羽を少しだけ広げてわきを見せ、じっとしていたら暑がっています。体の熱がこもらないよう、放熱しようとしているのです。**さらにくちばしを開けてパクパクしていたら、かなり暑がっています。

野生のインコ・オウムの生息地は暖かい地域なので、もともと暑さには比較的強い子が多いですが、個体差があり、年齢や体調によっても適温は変化します。前述のような「暑いよ～」サインに気づいたら、すぐにエアコンなどで室温を下げるようしましょう。

気をつけたいのは、ケージの設置場所。窓のそばなど直射日光が当たる場所は避けてください。インコ・オウムも熱中症になることがあります。暑い時期に留守にする際は、鳥がいる部屋にはエアコンをつけ、室温を涼しく保ちましょう。ただし、エアコンの風は直接当たらないように気をつけてください。

あっちー！
熱を逃がさなきゃ……

COLUMN

インコ・オウム豆知識⑤ ／ ダイエット

肥満は万病のもとといいますが、インコ・オウムも太りすぎは健康によくありません。見た目や触ったときに体が丸っこい、重くなったと感じたら肥満かもしれません。体重を測定し、獣医師に適正体重を相談のうえダイエットを。

太る原因は、食べすぎと運動不足。まずは1日に食べている量を調べ、少しずつエサの量を減らしていきましょう。エサ入れを複数設置して少量ずつ入れる、エサ入れにオモチャなどの障害物を入れてみるなど、食べるのに時間がかかるよう工夫を。ケージ内に新しいオモチャを入れるなど、食べること以外の楽しみを増やすことも有効です。さらに放鳥中はなるべく飛んだり走ったりと運動できるような遊びかたを試してみて。急激なダイエットは体に負担をかけるので、少しずつ進めましょう。

たまには運動
がんばろう……

PART6

インコ・オウムって おもしろい

47 クルクル遊び

ラムネ 何してるの？
ぐる
ぐる
ぐる
何コレ!! たのしーっ!!
ぐる
ぐる
ぐる
ぐる
ぐる
ぐる
目がまわった〜
何してるんだか…
ぐる
ぐる

好奇心旺盛の証拠

インコ・オウムは自分の尾羽を追いかけて、クルクル回ることがあります。犬がしっぽを追いかけて回るのと同じです。「これ、何だろう?」と気になってしまうのでしょう。好奇心旺盛な若い子がよくやる遊びです。成長すると落ち着いてやらなくなるので、心配せずに見守ってくださいね。

遊ぶのが大好きな子は、飼い主さんが「遊ぼう!」と声をかけると、興奮してオモチャの周りを駆けまわったりすることも。水浴びが好きな子なら、飼い主さんが水浴びの準備をしていると「待ちきれない!」とばかりに容器の周りを駆けまわったりします。「わーいわーい」とうれしくてはしゃいでいる幼児のようですね。**全身で気持ちを表現するので、うれしいときは動きがオーバーになってしまうのです。**止まり木を足でつかんでクルクルと体を回転させるスゴ技を持つ子もいます。

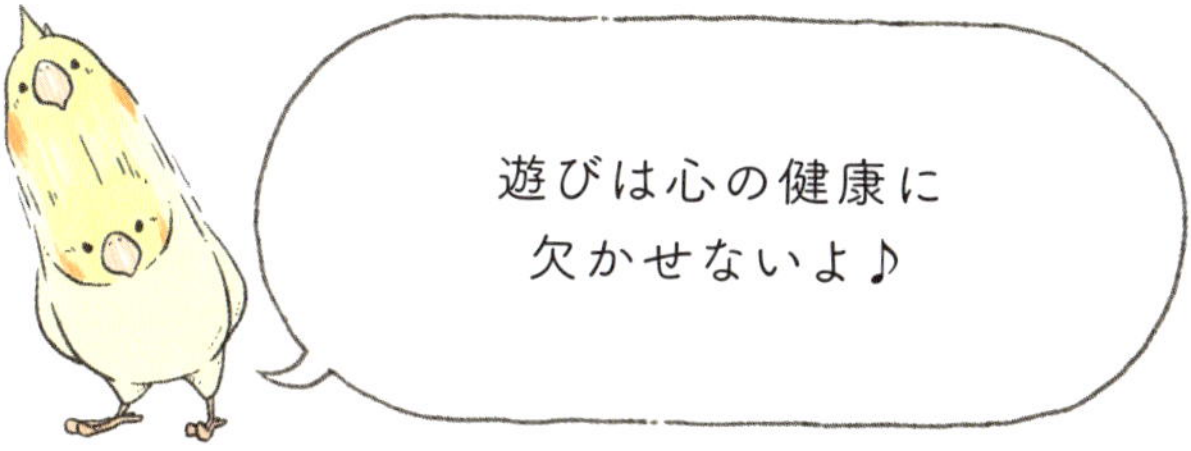
遊びは心の健康に
欠かせないよ♪

48 楽しい水浴び

水浴びしましょうね
まずはトロロとゴマシオからね
バチャ
バチャ
次はソラマメね
ピチャ
ピチャ
あらあらラムネは次だよ
エアー水浴び始めちゃった♪
ふぁさ
ふぁさ
バチャ
バチャ
キモチイー!!

水浴びはほどほどに

水がないところで、水浴びをするときのように翼をばたつかせ「エア水浴び」するインコ・オウム。「水浴びしたいよー！」と言っているのは一目瞭然ですね。

水浴びは脂粉《しふん》や寄生虫などを洗い流し羽毛を清潔に保つ効果があり、ストレス発散にも役立つといわれています。インコたちが溺れることのないよう、お皿など浅めの容器に水を張って行いましょう。水道から流れる水を浴びたり、霧吹きで水を吹きかけてもらったりするのが好きな「シャワー派」も。やりかたはその子の好みに合わせてOKですが、お湯を使うと油が流され羽毛の撥水効果がなくなるので、必ず常温の水を使いましょう。

水浴びを必ずさせる必要はありません。水浴び嫌いな子に強制はしないように。また、頻度が多いと毛引きを起こす事例が多いので、ほどほどにしましょう。

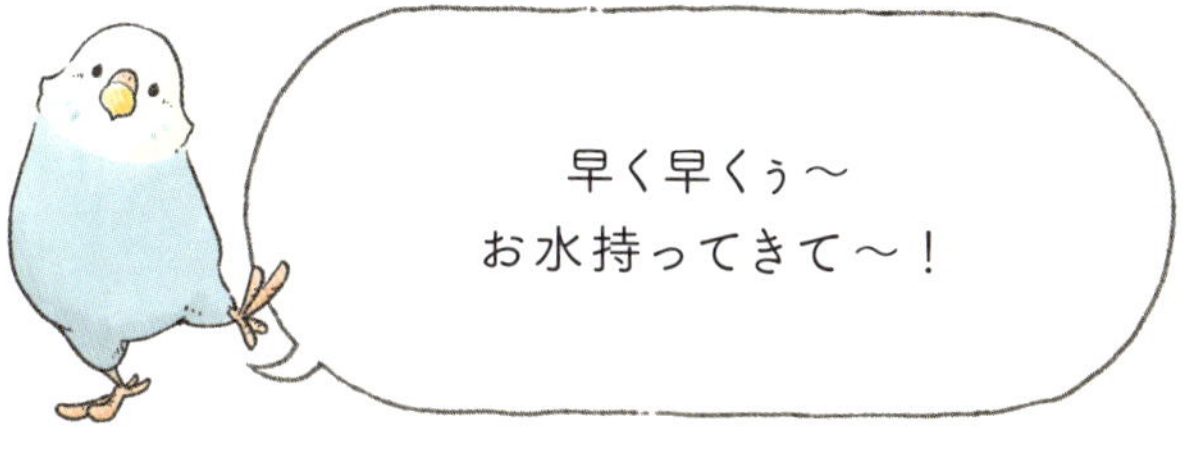
早く早くぅ～
お水持ってきて～！

49 くちばしメンテナンス

お手入れは欠かさない

インコ・オウムのくちばしは、定期的に表面が剥がれ落ちて新しくなります。剥がれそうなときはかゆいのか、よく止まり木にくちばしをこすりつけるしぐさが見られます。

エサを食べたあと、口を拭くように止まり木にこすりつけることも。なかには飼い主さんの手や服をタオル代わりにする子もいるようで、くちばしのみならず水浴び後に体をこすりつけて「ふ〜、さっぱり！」なんて子もいます。

また、64ページで前述したように、くちばしで止まり木などを叩いて音を出し、音楽を楽しむインコ・オウムもいます。

よく吐き戻しをする子は、ケージ内の止まり木やオモチャなどにも発情して吐き戻したエサが付着していることがあります。そのままにすると不衛生なので、毎日掃除を。止まり木を含めオモチャやケージは月に一度は熱湯消毒して、清潔を保ちましょう。

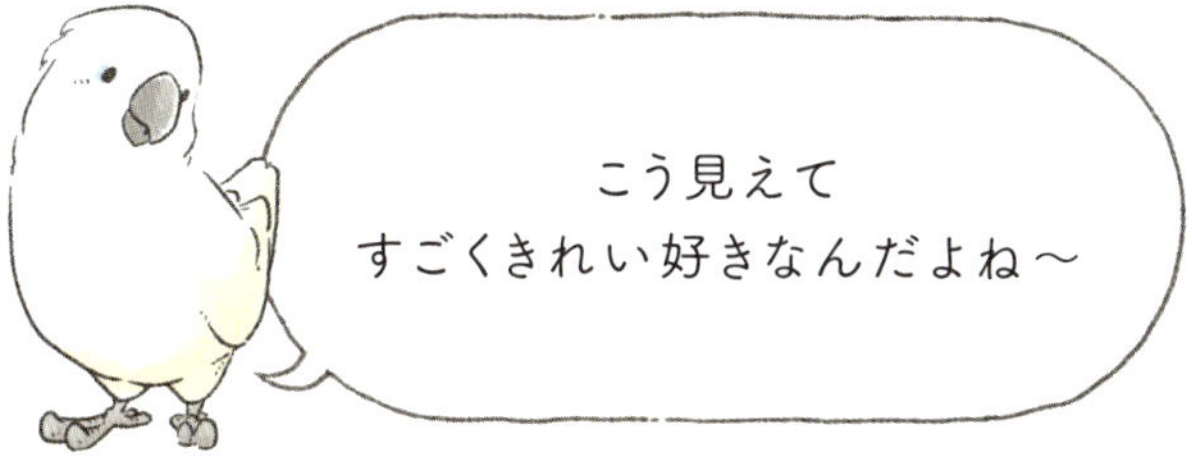
こう見えて
すごくきれい好きなんだよね〜

50 鏡に映るアナタはだれ?

インコ・オウムは自分と認識していない

鏡に映る自分を見て、それを自分と認識できることを「鏡像認知《きょうぞうにんち》」といい、鏡を見せて実験するミラーテストがさまざまな動物を対象に行われていますが、現在鏡像認知ができると確認されているのは人間をはじめごく少数の動物だけです。

インコ・オウムも鏡の自分のことを、自分と認識できません。むしろ、**鏡の中の自分に恋してしまうこともあります**。いつもいっしょにいてくれて、自分と同じ動きをしてくれる存在。**「相手といっしょ」が大好きなインコたちには最高のパートナーです**。

鏡は一羽飼いのインコ・オウムにとって、仲間がいない寂しさをやわらげてくれる素敵なアイテム。飼い主さんの留守中も、退屈しないですむメリットがあります。鏡への愛が高じて吐き戻したり交尾行動が頻繁にみられた場合は、発情行動スタートのサイン。ようすを見ながら食事制限をして、発情を抑えていきましょう。

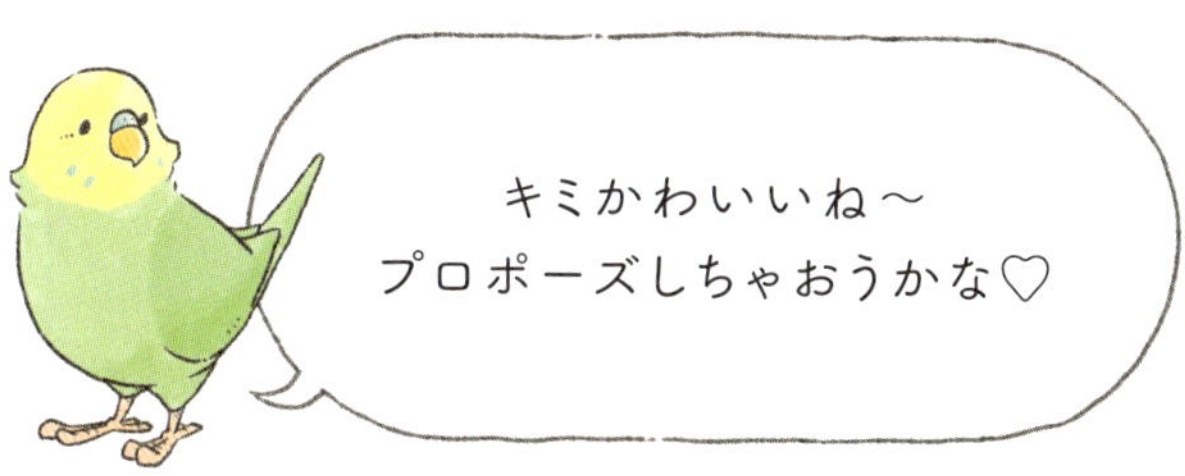
キミかわいいね～
プロポーズしちゃおうかな♡

51 ホリホリ

ホリ
ホリ
ホリ
サッ
サッ
サッ
クス クス
掘っても何も出てこないよ
ホリホリホリホリ
クス クス
クス
寝ちゃった
ゴロン

エサを探す行動の一種

インコ・オウムは飛ぶイメージが強いですが、歩くのが好きな子もいます。**野生下では地面にエサが落ちているので、地面をウロウロ歩いてごはんがあるかどうかをチェックします。**床を掘るしぐさも、エサを探す行動の一環といわれています。公園でハトやスズメが地面に頭を下げてついばんでいる姿をよく見ますよね。地面の上に落ちた種子などを探しているのです。野生のインコ・オウムも似たようなしぐさをして、日々ごはんを探しています。

飼育下では遊びの一環として、興奮したときなどに床を掘るしぐさがつい出てしまうようです。掘るとごはんが出てくるわけではないのに、同じところを掘り続けるタフなインコ・オウムも……。体に残る本能が遊びの一環としてそうさせているのです。フローリングがボロボロ……とお嘆きの飼い主さんもいますが、かわいいインコ・オウムのために、床を養生するしか道はありませんね。

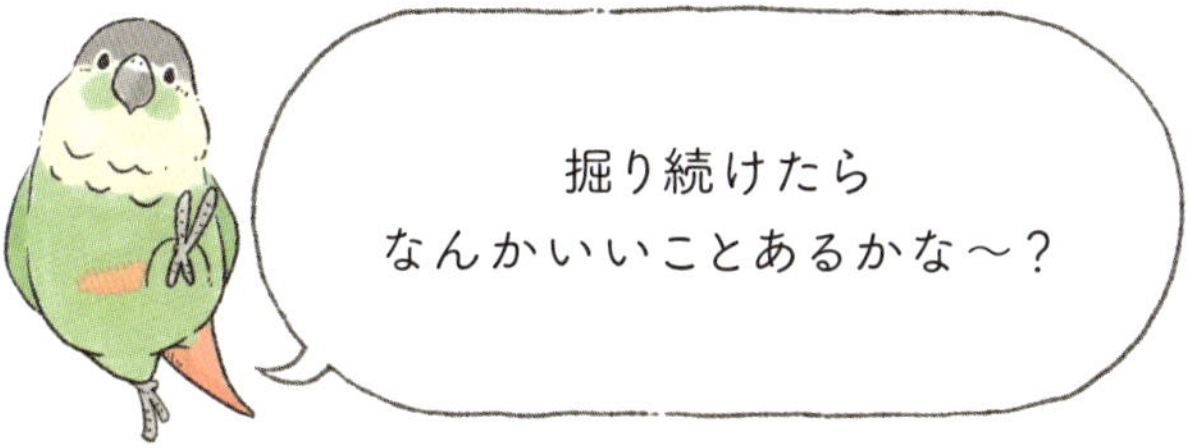
掘り続けたら
なんかいいことあるかな～？

52 ながら放鳥

この探偵小説
おもしろいなぁ
なにそれ
なにそれ
プルルルル
プルルルル
電話だ
もしもーし
ビリ
ビリ
ビリ・・・
あぁ…
長電話してたら…
最後のシーンが!!
よいしょ
よいしょ

気を引きたくてしかたない

放鳥中にスマホや新聞などを見ていると、インコ・オウムがその上に乗ってくること、ありますよね。液晶画面がインコたちの足に反応して変なサイトに行ってしまったり、新聞をかじられて読めなくなったり、パソコンで作業をしていたらキーボードの上に乗って謎の文章を打たれたり……と、ちょっと困った経験をした飼い主さんもいることでしょう。

でも、インコたちには邪魔している意識なんてなく、飼い主さんの関心を引きたいだけ。**せっかく飼い主さんと遊べる時間なのに、自分を見ずにほかのものに集中しているのが許せないのです。**飼い主さんの服を引っ張ったりかじったりしてアピールすることも。

放鳥中に目を離していると、床にいたことに気づかず踏んでしまうなどトラブルの危険も高まります。放鳥中はうちの子に集中を。スマホなどを見ながらの「ながら放鳥」はやめましょう。

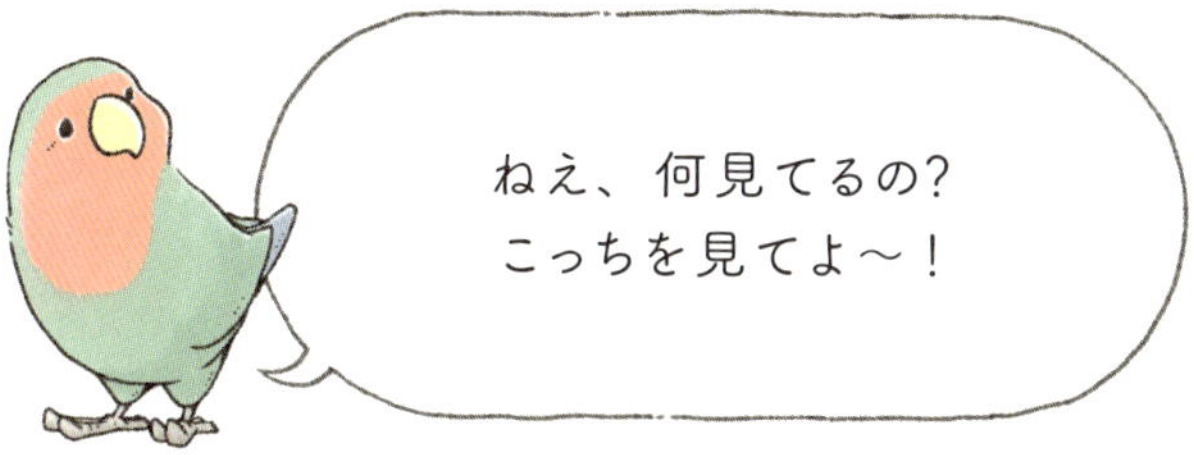
ねえ、何見てるの?
こっちを見てよ～！

53 せまいところに入りたがる

危険から身を守るため

野生ではいつなんどき敵に襲われるかわからないため、**インコ・オウムは本能的に身を隠すのにちょうどいい場所を探します。**ビンや箱、かばんの中や本棚の本の間など、あらゆるせまい場所に頭を突っこみ、「入れるかな?」と探検するのはインコ・オウムのさがなのかもしれません。好奇心旺盛な子はとくにその傾向があります。そして入ってみたら落ち着く場所だったり、ビンの中で反響する自分の声が面白かったり、本を裏からかじるのが楽しかったりして、別荘のように放鳥のたびに通うことも。

気をつけたいのは、せまい場所がインコたちに巣を連想させ、「ここなら安心して子どもを育てられる」と発情につながってしまうこと。発情行動が見られたら、お気に入りの箱などは一時撤去を。また、入ったはいいけれど出られなくなってパニックになりけがをしたりすることもあるので、目を離さないように。

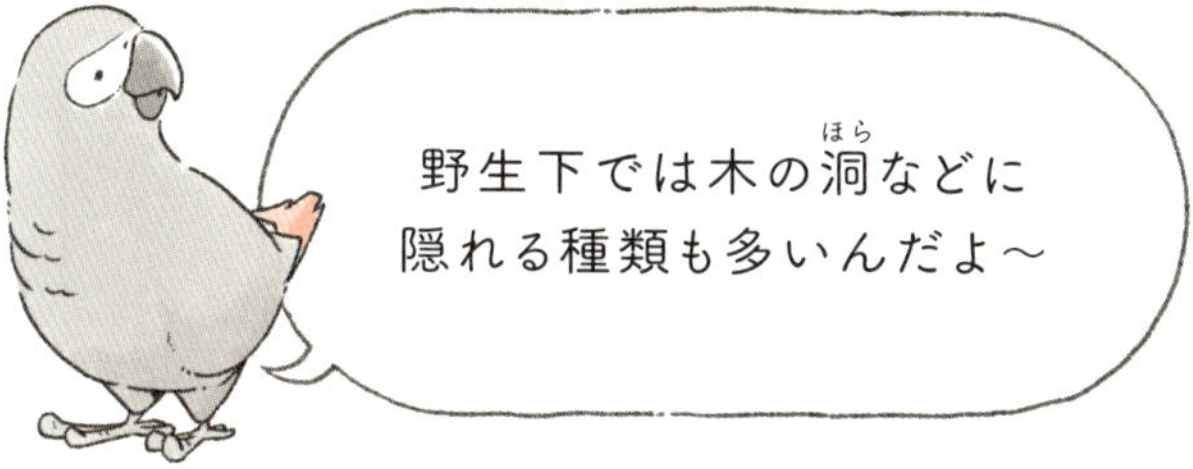
野生下では木の洞《ほら》などに
隠れる種類も多いんだよ～

54 雨の日はおとなしい？

インコ・オウムは気圧に敏感

今日はうちの子がなぜかおとなしい……と思ったら、雨が降っていた。そんな経験はありませんか？

実はインコ・オウムの体は気圧に敏感。とくに、病気をしている鳥は気圧の影響を受けやすいことがわかってきました。

人間でも、気圧が低下する雨の日は不調になる人がいますよね。雨の日は頭痛がしたり、どこか関節が痛む……などなど。鳥も同じような症状かはわかりませんが、とくにシニア鳥や病鳥は雨で不調を感じることもあるようです。ただし個体差があるので、すべての鳥があてはまるわけではありません。いずれにせよ、インコ・オウムが静かに過ごしたいようならそっと見守るのが正解です。また、飼い主さんが「あー今日は雨かあ。憂鬱だなあ」なんてがっかりしていると、共感力の高いインコたちはつられておとなしくなるなんてこともあるようです。

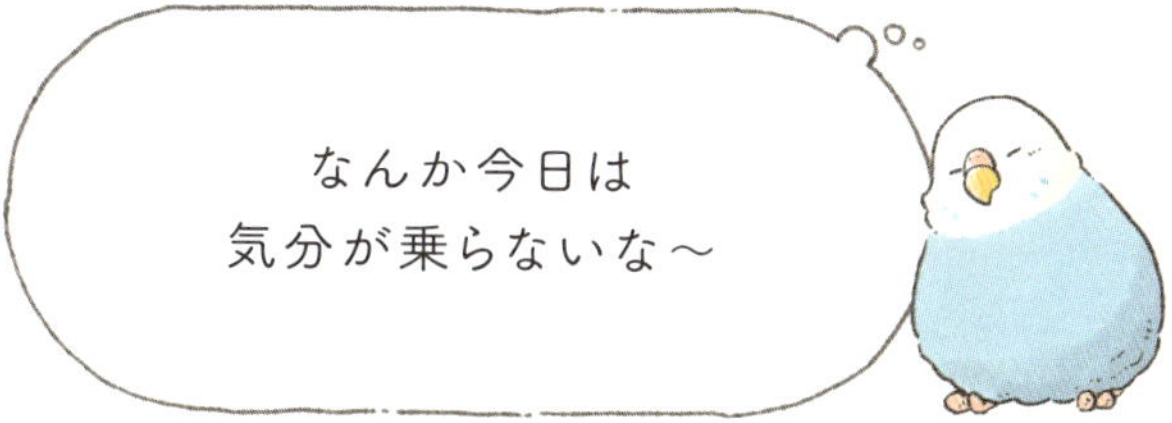
なんか今日は
気分が乗らないな～

55 仮病を使う!?

ミントや
また調子悪いのかい?
雨ふりそうにはないがのぉ…
ケホケホ
ケホケホ…
ハックション!!
ど・ど…
どうしたんじゃ!?
人間みたいなくしゃみして…
これは…
仮病かのう…
ケ・ケビョウ?、
わしらの気を引こうと
しとるのかものぉ
よし
よし
そう
じゃったか…
よし!!
これからは
もっとたくさん
遊ぼうな!!

かまってほしいサインのときもある

野生では弱っている動物から狙われるので、少々体調が悪い程度ならいつも通り振る舞うのが本能。「インコやオウムは具合が悪いことを隠す」とよくいわれますが、わざと「元気なふり」をしているわけではなく、人間がその不調に気づきづらいだけ。飼い主さんの観察眼を鍛える必要があるのです。

しかし、困ったことに賢い子は、飼い主さんの気を引こうと「仮病」を使うことがあります。76ページで紹介した「くしゃみや咳のまね」もそのひとつ。飼い主さんが出かけることを察知して、「行かないで〜具合悪いの〜」と元気がないふりをする子もいます。「オオカミ少年」のように、仮病に慣れて本当の病気を見逃すことがあったら大変です。遊ぶ時間を増やしたり、寂しがり屋の子なら留守番中に鳥の声やビデオを流したりするなど、インコたちの気持ちがほかの方法で満たされるよう、工夫してみてくださいね。

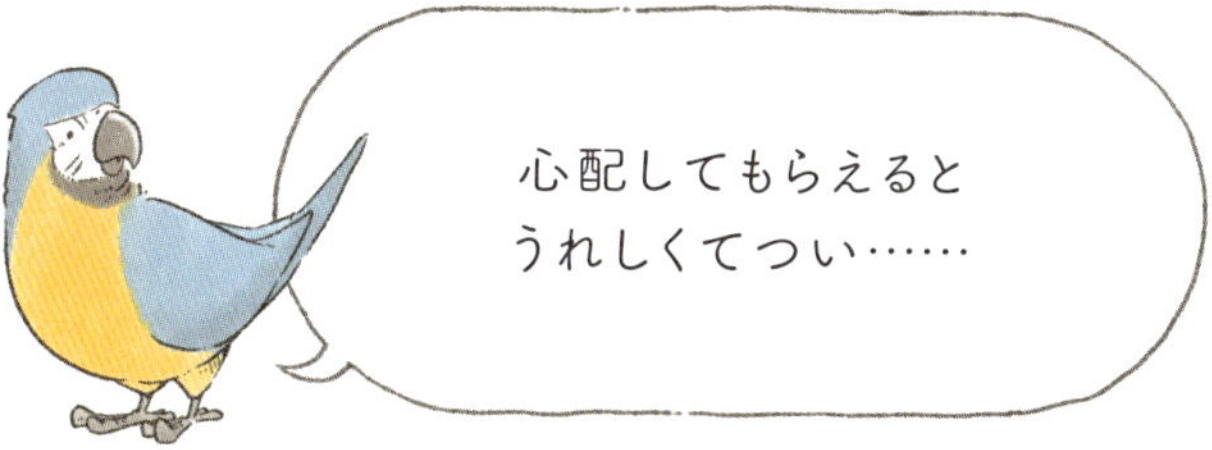
心配してもらえると
うれしくてつい……

COLUMN

インコ・オウム豆知識⑥ ／

ほかの動物との同居はできる？

インコ・オウムと相性がいいのは、草食動物でお互いに干渉しないうさぎやモルモットなど。ハムスターは夜行性で夜は活動的になるので、昼行性のインコには同室の場合音がストレスになる可能性も。

犬や猫、フェレットは肉食動物なので、インコ・オウムが捕食対象になり襲われる可能性があります。鳥に手を出さないようしっかりとしつけることで同居が可能になることもありますが、つねに目を離さず見守るようにしてください。目の前で飛び立つ姿を見たりすると本能から思わず襲いかかってしまうこともあるので、安全のため放鳥はできれば別室で行うようにして。

犬や猫を仲間と認識している場合は、誤って野外に出てしまったとき警戒心のなさから襲われる危険が高まることも心に留めておきましょう。

PART7

インコ・オウムがかわいすぎる

56 二羽で会話

ピューイ
ピュイッ
ピュイ
ピイッ
ホント仲よしねぇ
ブツブツブツブツ…
ど・どうしたの？
ボクのほうにも来て!!と念じてるの…
ブツブツブツ…
クスクス
来てくれるといいね
パパとママも仲よしだね
楽しそうだね

おしゃべりは仲よしの表れ

仲のよい鳥同士はよく鳴き合っておしゃべりをします。仲がよいほど鳴き合う時間は増えるよう。**「互いに鳴きかわすこと」は「コンタクトコール」と呼ばれます。鳥同士の親密度を上げるいちばんの方法であり、仲よしの証拠でもあるのです。**

インコ・オウムたちが何を話しているのか人間にはわからないのが残念ですが、「いっしょに遊ぼう」と誘ったり、「そっちは危ないよ！」と注意したりと、シチュエーションによって推測できることも。仲の悪い鳥とケンカしたあと、仲よしの鳥のところに行って慰めてもらったりすることもあります。歌を覚えているインコ同士なら、一羽が一節歌ったあとにもう一羽が次の節を歌う……というように、二羽で合唱を楽しむことも！

鳥同士の結束が強いと、飼い主さんはのけ者になってしまうこともありますが、仲睦まじいようすを見られるのは幸せですね。

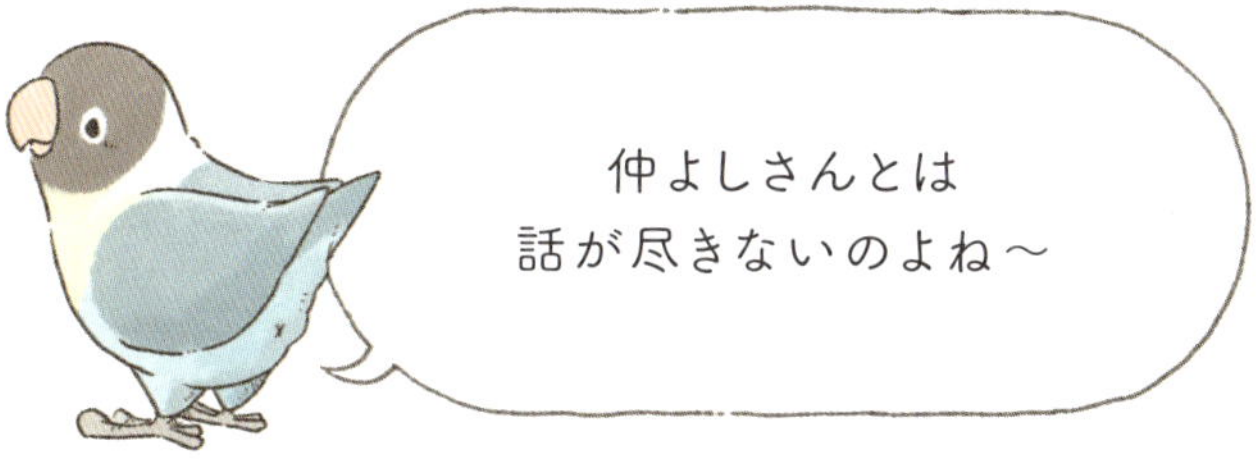
仲よしさんとは
話が尽きないのよね～

57 ラブラブ

もう！パパはいつも
ママだって!!
ガミ ガミ
ガミ ガミ
ケンカしてるね
ヤダね〜
仲よしのほうが楽しいのにね♡
ね〜♡
チュッ チュ
あ…
ラブラブね…
スイカとメロン見てたら…なんか…ゴメン…
いや…ボクのほうこそ…ほんとゴメン…
よかったね♡
ねー♡

好き同士は寄り添い合う

仲のよいインコ・オウムはおしゃべりするだけでなく体も寄せ合って「好き」を表現します。**くちばしを触れ合ったり、羽づくろいし合ったりといった「親和行動」をするのはとくに親しい間柄のしるし**。つがいは吐き戻しを食べさせたりもします。

ところで鳥にも相性のよい相手・悪い相手がいます。相性が悪いケースだと血を見るほどのケンカをしてしまうことも。18ページで前述したように、飼い主さんがほかの鳥をかまうことに嫉妬して攻撃的になるといったケースもあります。仲のよい鳥同士は同じケージで飼えることもありますが、最初から同居させるのはNG。まずケージ越しにお見合いさせ、攻撃したりするようすがなければいっしょに放鳥してみるといったように、段階を踏んで少しずつお互いの存在にならしましょう。発情期などに急にケンカをするようになることもあるので、見守ることを忘れずに。

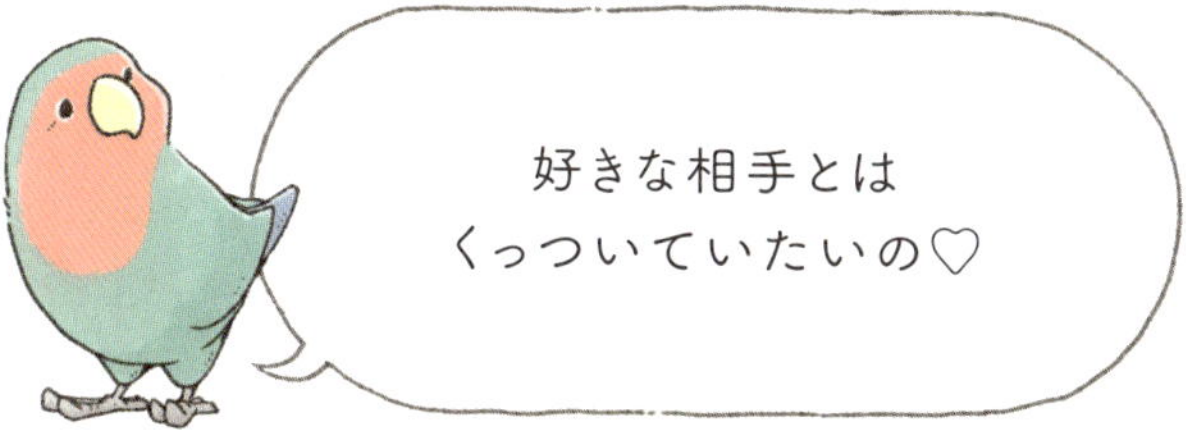
好きな相手とは
くっついていたいの♡

58 チュー♡

くちばしのごあいさつ

まるでキスするかのように、うちの子が口元にくちばしを近づけてくる。たまらない瞬間ですね。実際に「チューしよ♪」なんて、おしゃべりしながら顔を近づけてくる子もいます。

インコ・オウムは親密な相手と、くちばしどうしを触れ合わせてキスします。飼い主さんの唇にくちばしを寄せるのも、同じ「好きだよ」の気持ちから。「もっと話して」という気持ちのことも。愛情表現としてのさえずり（自分への声かけ）を求めるラブラブな気持ちと、人間の言葉に興味を持ち始めて学習意欲が高まっている気持ちのときと二通りあります。どちらにせよ、飼い主さんが「チューしてくれるの？　うれしいな」と喜べば、インコ・オウムもうれしい気持ちになることは間違いありません。ただし唇を咬んでくるときは、けがの危険があるのですぐにやめさせましょう。実際にキスすると人の口腔内の菌を摂取してしまうので、要注意！

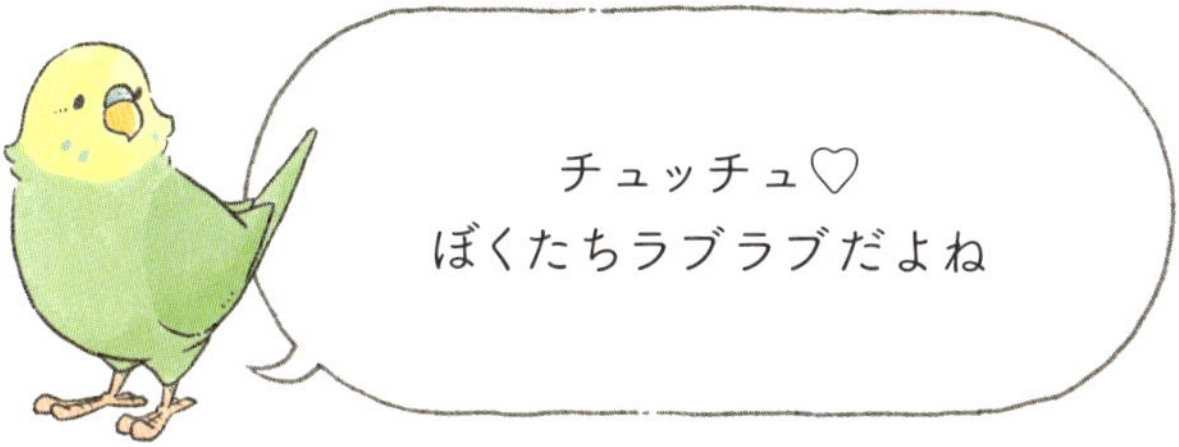
チュッチュ♡
ぼくたちラブラブだよね

59 手好きインコ

だいぶ手になれてきたわね
うん！
♪
ヒナのころは…
コワイヨォ…
コワイヨォ…
手をすごく怖がっていたのに…
ハナコもステキなお母さんね
ウン！あたしがラムネのお母さん!!
ピィ!!

手が好きだとスムーズに暮らしやすい

どんな子でもかわいいけれど、お互い楽しく過ごすためにも、できれば手乗りになってほしいですよね。

インコ・オウムを手乗りにするには、ヒナのときから人間と接することがいちばんの近道。人間が挿し餌をすると親のように思ってなついてくれるというのが定説ですが、親鳥が育てていたとしても人間がそばにいてときどきヒナを触ることができていれば大丈夫。**「人間も仲間なんだ」と思わせることが重要なのです。**

おとなになって人間に対する警戒心がある状態から手乗りにするには長い時間を必要とすることもあります。手の上でおやつをあげるなど、「手に乗るといいことがある」と思ってもらえるように少しずつならしていきましょう。手のひらは怖くても指や手の甲なら乗れる、という子もいます。せっかく手を怖がらなくなっても、無理やりつかまえたりするとまた乗らなくなることもあるのでご注意を。

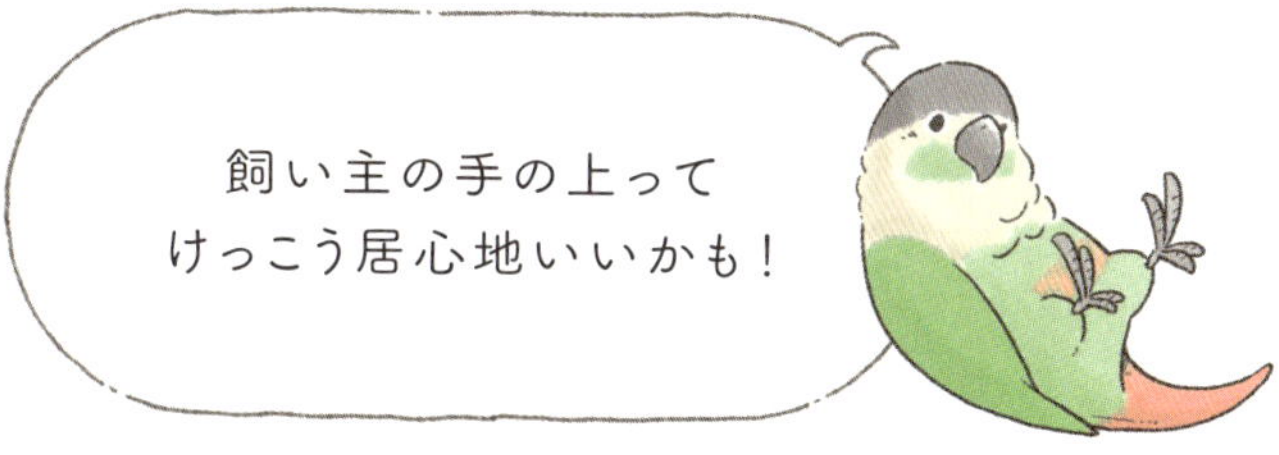
飼い主の手の上って
けっこう居心地いいかも！

60 ニギコロ♪

ママー！ラムネもニギコロしたい!!
うーんラムネは嫌がってるからだめよ
でもソラマメはできるよ!!
うーん ハナコは…
メリーゴーランドは好きだけどジェットコースターは嫌いでしょ タロウはその逆ね
う…うん…
嫌いなことを無理矢理すすめられたらいやでしょ
うん！そうだね!! ごめんねラムネ！

お互いにリラックスしてから練習を

手で握ってコロンと仰向けにした状態なので、ニギコロ。無防備におなかを見せて転がるインコ・オウムは、見ているだけでメロメロになりますよね。「うちの子も手乗りになったし、次はニギコロに挑戦！」と意気込む飼い主さんもいるかもしれません。

でも、ニギコロできるようになる子はほんの一部。「手に乗るのはいいけど、握られるのは怖い！」というタイプもいます。そんな子には練習自体がストレスになるのでやめておきましょう。**握られても嫌がるようすがなければ、カキカキしたり手の中で遊ばせたりしながら少しずつ仰向けの姿勢にしていくのが練習方法**。最初は仰向けになっても緊張して指につかまっていますが、やがて仰向けでいることに慣れて、指を離してリラックスするようになったらニギコロ完成です。インコ・オウムが安心できるよう、飼い主さんもリラックスして練習してみてくださいね。

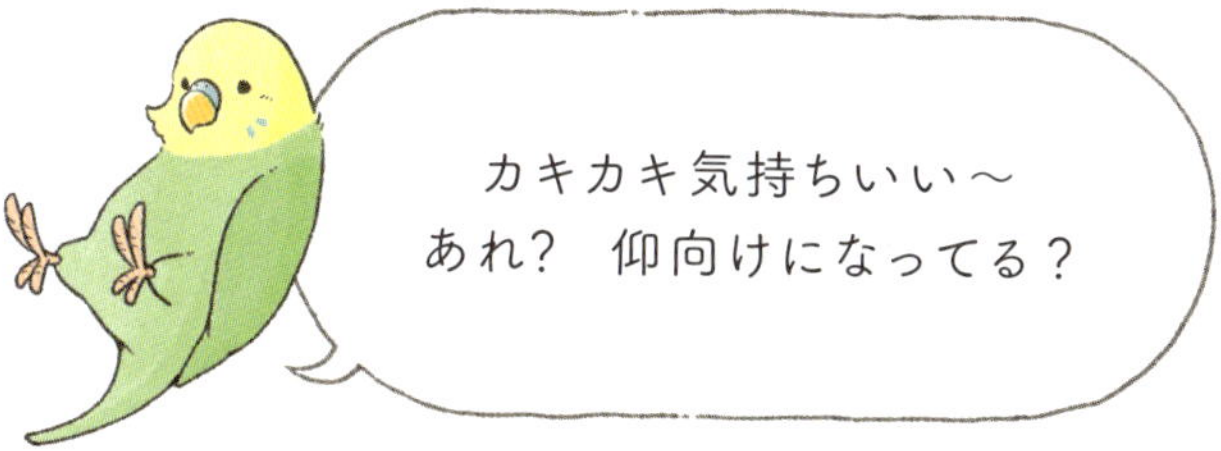
カキカキ気持ちいい～
あれ？　仰向けになってる？

61 髪をハミハミ

羽づくろいのサービス

安全で飼い主さんの声もよく聞こえる。そんな理由から、飼い主さんの頭にとまるのが好きな子がいます。さらに飼い主さんをパートナーと思っている場合は**「好きな相手に羽づくろいをしてあげよう」と、髪の毛をくわえチミチミと甘噛みして羽づくろいしてくれることもあります。**羽づくろいをしてくれたら、お礼にカキカキしてあげましょう。ただし、頭にとまらせることを許していると、自分の順位が上と認識することがあるので気をつけて。

臆病な子は90ページで紹介したように髪の毛を隠れ場所に使うこともあります。女性の長い髪の毛はインコ・オウムにとっては身を隠すのに絶好の場所なのかもしれません。ただ髪の毛に足が絡まってしまう事故もあるので、両肩を行き来したりして遊んでいるときは気をつけて見守りましょう。また、髪の毛の中を巣のように感じて発情してしまうタイプもいるのでご注意を。

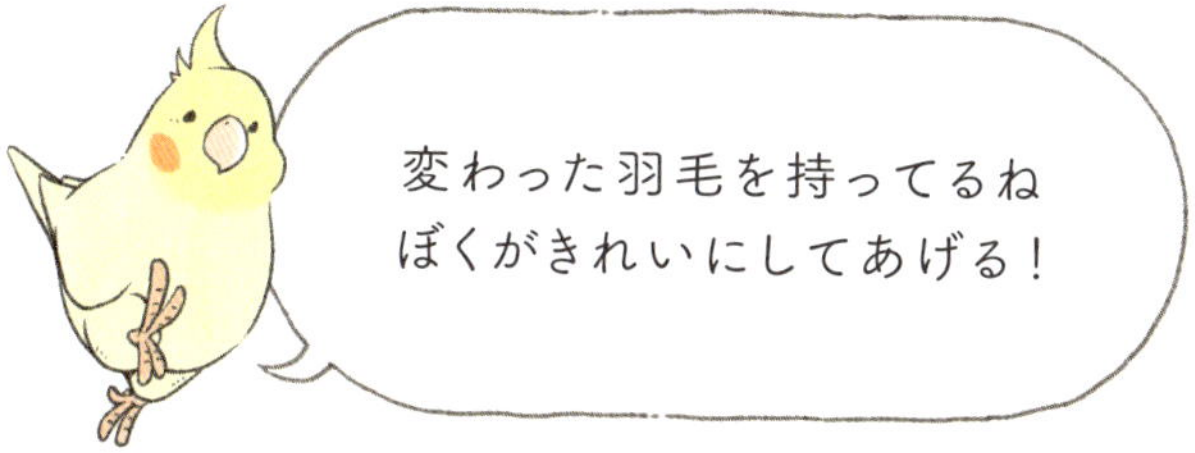
変わった羽毛を持ってるね
ぼくがきれいにしてあげる！

62 スヤスヤ

新しいおもちゃかってきたぞー
パパと遊ぼう！
メロンもスイカもよかったね〜
あら…
プイッ
プイッ
もぞもぞ
もふもふ
寝ちゃった…
ZZZ…
ZZZ…
グスン…
またしてもママに一本とられた…

安心するとすぐ寝ちゃう子も

放鳥中、あっちこっちを探検したり、オモチャでアクティブに遊んだりするのが好きな子もいれば、ずっと飼い主さんのそばにいてのんびり過ごしたい子もいます。のんびり派によくあるのが、放鳥中にウトウトすること。「せっかく遊べる時間なのに!?」と思うかもしれませんが、**ちょっと眠ったらまた起きて遊び始めたりするので、その子のペースに任せてくださいね。**

飼い主さんの手の上や、服の中にもぐりこんで寝てしまう子もいます。手のひらや服の中はあたたかいから眠くなってしまうのかもしれませんね。服や敷物の下などにもぐりこんでジッとしているインコ・オウムに気づかず、誤って踏んづけてしまう事故もあるので、放鳥中はつねに居場所に注意を払って。また、126ページで前述したように服の中などのせまい場所は発情をうながすことも。長時間いるようならいったん出して、別の場所で遊ばせましょう。

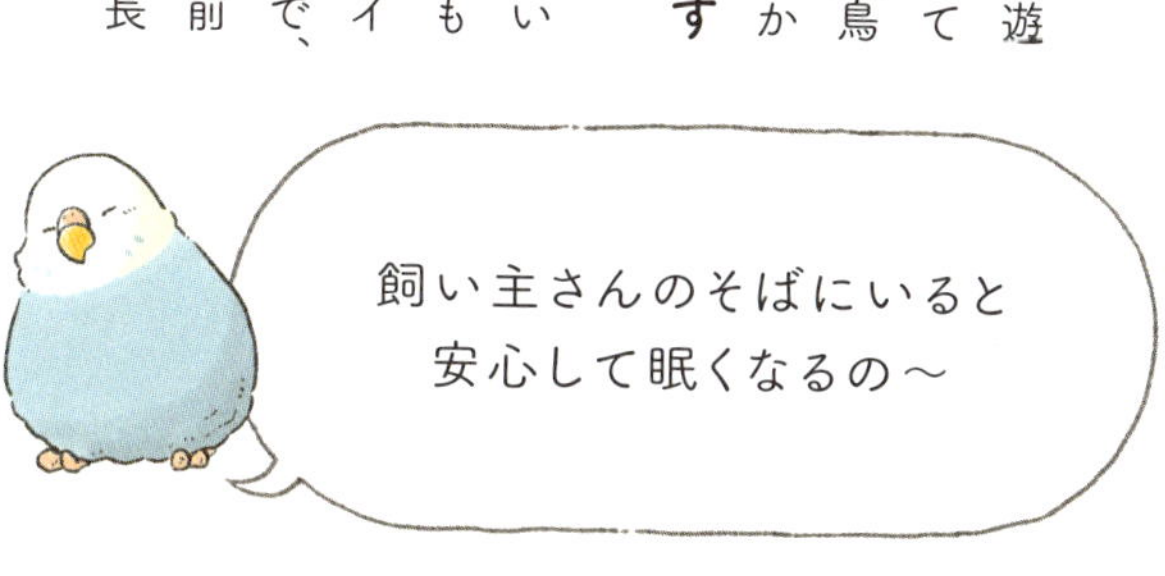
飼い主さんのそばにいると
安心して眠くなるの～

63 なぐさめてくれるの?

いつもと違うことに気づいている

飼い主さんが泣いていたらインコ・オウムがそばに来て、「どうしたの？」と言うように顔を覗きこんできたり、頬にくちばしを当てたり、髪の毛を羽づくろいしてくれたりと、まるで飼い主さんをなぐさめようとするかのような行動をとることがあります。

　こうした行動をする理由は、**大好きな飼い主さんのようすがいつもと違うことに気づいているから**。98ページで前述したように、インコ・オウムは共感力が高い生きもの。ケンカをした後に相手の気持ちをおさめようとするかのように羽づくろいなどをする20ページのような例もあります。**飼い主さんの気持ちを感じ取り、寄り添おうとしてくれているのでしょう**。飼い主さんがいつもと違うことに不安を感じている場合もあるので、「なぐさめてくれてありがとう。おかげで元気が出たよ」などと飼い主さんが声をかければ、インコたちもきっと安心するはずです。

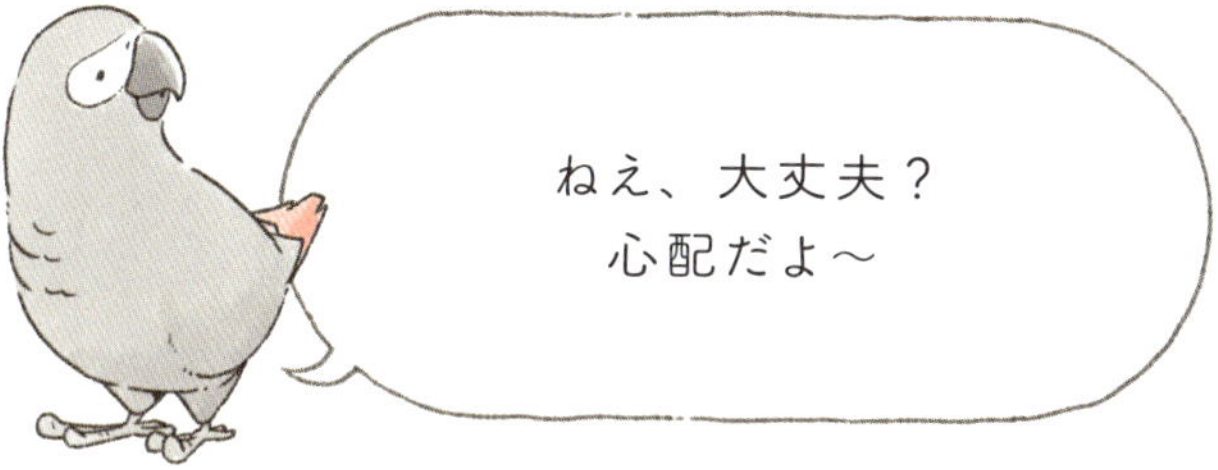

64 いっしょに遊ぼう

う〜ん… 仕事のことが 頭からはなれない
!
コン コン コン
コンコンコンコンコン
コンコンコンコンコン
う〜〜ん
はなれなぁぁ――い!!
ガーン
ビャー

遊びが健やかな心を育てる

高い知能を持つインコ・オウムは、さまざまな遊びを見つけ、さらにそれを発展させることもできます。飼い主さんが大好きな場合は、いっしょに遊ぶことが最高のコミュニケーションです。

インコたちを遊びに誘うなら、眠そうなときやエサを食べているときなどは避け、目がいきいきとして活動的なときに。84ページのような「楽しいことしたいな〜」のサインを出しているときならバッチリです。ひもなどを引っ張り合ったり、指でトコトコとインコたちのあとを追ってみたり。手の中におやつを隠して「どっちの手に入ってるか♪」なんて遊びもいいですね。机をコツコツ叩く音や「おいで」の声かけでインコたちが寄ってきたり、「握手」で片足を握らせてくれたりといった一芸を見につけると、ふだんのお世話や体調チェックにも役立ちます。いろいろな遊びを試して、その子が好むことや得意なことを引き出していけるといいですね。

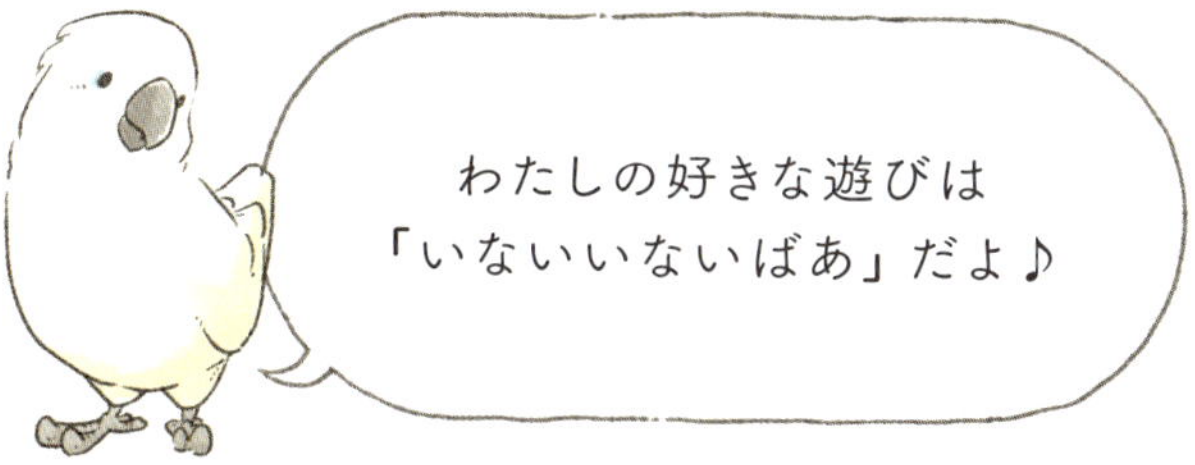
わたしの好きな遊びは
「いないいないばあ」だよ♪

65 オモチャ大好き

あっ!!
ミカン！大丈夫!?
鈴から頭がぬけなくなったの？
ど…どうしよう…
スポッ
あ！カイヌシ！おかえり！
スポッ
スポッ
新しい遊び見つけたのね…
ビックリしたよぉ…
しかし…
かっわいいなぁ♡

うちの子好みのオモチャを見つけよう

飼い主さんといっしょに遊ぶのも楽しいけれど、オモチャで遊ぶのもインコ・オウムは大好き。**オモチャは口に入ることも考えて、安全な素材でできたものを選びましょう。**

かじって壊せるオモチャ、アクティブに遊べるアスレチックやブランコ、知恵の輪などの知育系オモチャ、音が鳴るものや鏡がついたものなど、性格や好みに合わせていろいろなものを試してみましょう。ペットボトルキャップや綿棒、ティッシュ、ハンカチといった身近なものがオモチャになることも。留守番の時間が長い環境なら、ケージ内にオモチャを取りつけておくのもおすすめです。

初めてのオモチャは怖がって使ってくれないこともよくあります。まずは離れた場所で飼い主さんが楽しそうに遊ぶようすを見せるなどして、インコたちの方から近づいてくるまで焦らず待ってみて。色の好みがあって、特定の色のオモチャでしか遊ばない子もいます。

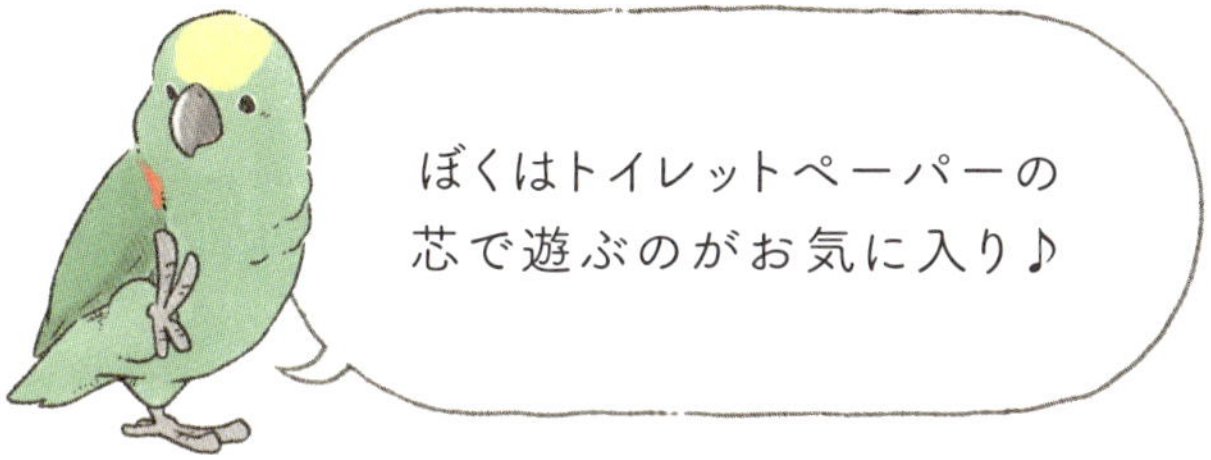
ぼくはトイレットペーパーの
芯で遊ぶのがお気に入り♪

66 いいにおい

いいにおい♪
クン クン
いいなぁ
ボクもかがせて〜
クン クン
ガブ
あいたたた……
むりやり近づけたらだめよ そっとやさしくやらないと

においの正体は脂

インコやオウムのにおいの香水が発売されるくらい、愛鳥家を虜にしてやまない「インコ臭」（なぜかオウム臭という言葉はあまり聞きません）。そのにおいは干し草や花といった自然系からナッツやゴマ、クッキー、トースト、コーンスープといったおいしそうな食品系まで、実にさまざまな香りにたとえられます。

においのもとは、尾脂腺《びしせん》から出る脂。日々の羽づくろいで全身に塗りつけられた脂は、日光浴で紫外線を浴びると芳香物質に変わります。そのにおいと、皮膚から出る自然な体臭とが合わさったものが「インコ臭」の正体です。においは肩や手にとまったとき、そっと背中や頭を嗅ぐのがスタンダード。インコたちの正面から鼻を近づけると、ガブリとやられることもあるのでご注意！顔を近づけても平気になるまでならしてからクンクンしてくださいね。水浴びの直後には、さらに濃厚な香りを楽しめますよ。

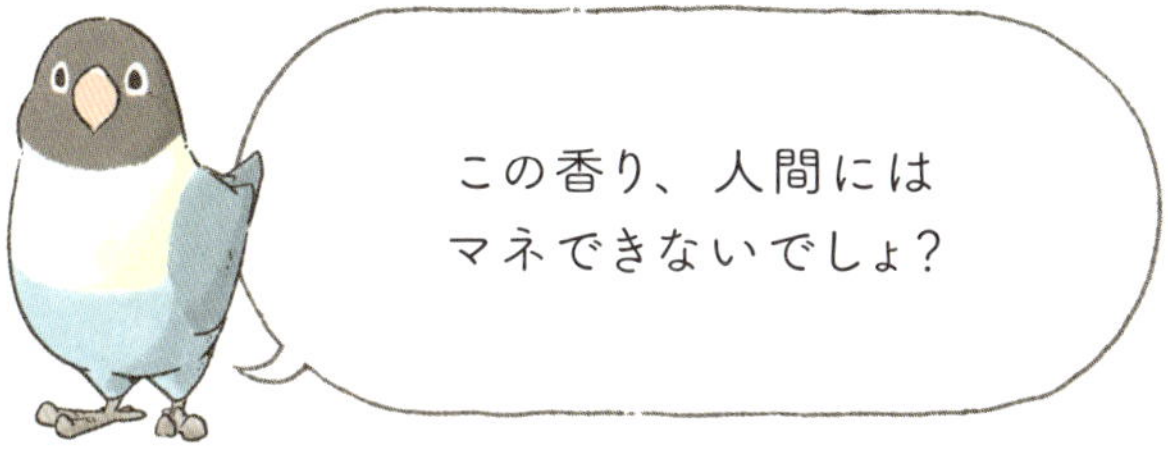
この香り、人間には
マネできないでしょ？

67 抜けた羽は宝物

ここをこうして…っと
なに?
なに
せっせ
せっせ
できたぁ!!!
ミカンの羽でつくったピアスだよ
わぉ!!
わーっ
ボクの羽だー
世界にひとつだけのアクセサリー
大切にするね♡

自然に抜ける換羽期がチャンス

インコ・オウムには、羽が抜けて新しい羽に生え替わる換羽期があります。羽がたくさん抜けて最初は驚くかもしれませんが、自然なことなので生えてくるまで見守ってくださいね。もしいつまでも生えてこない場合は病気の可能性があるので動物病院へ。

さて、その抜けた羽。とてもきれいで、捨ててしまうのは忍びないですよね。愛鳥の羽を集めている飼い主さんは多いようです。羽の活用法としていちばん簡単なのは、小ビンなどに集めて飾ること。**長くて大きな風切羽《かざきりばね》、ほわほわしてかわいい半綿羽《はんめんう》**など、羽の大きさや種類ごとにビンを変えると統一感が出ます。ふたにリボンなどをつければ素敵なインテリアになりますよ。

ほかにもイヤリングやネックレスなどのアクセサリーに加工したり、羽を貼りつけてアート作品をつくってみたり。羽の使い道はいろいろ。愛鳥の美しさを周りの人に自慢しちゃいましょう！

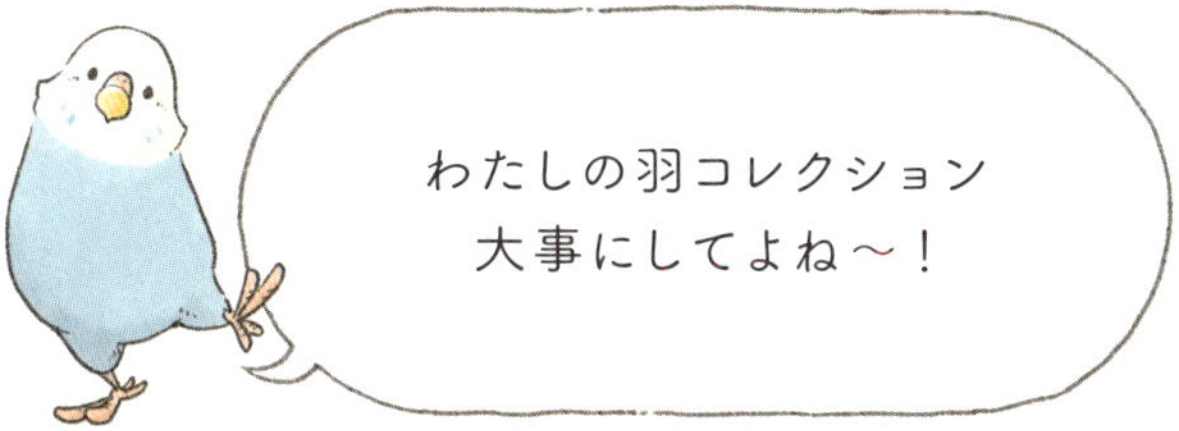
わたしの羽コレクション
大事にしてよね～！

68 ふわふわのおしり

おっとっと!!
ちょっとタロウ!! そんなとこで危ない!! ハナコまで何してるの!!
母さんもこっち来てみ!! 絶景だから
え?
な・なるほど… 絶景ですなぁ
ですなぁ〜
ですな〜

卵を守る重要な「ふわふわ」

身をかがめたときなどにチラリと見える、インコ・オウムのおしり。このおしりのかわいさにメロメロになる飼い主さんも多いようです。鳥は飛ぶために、余計なものをそぎ落として軽量化を実現したといわれています。では、ふわふわのおしりはなんのためにあるのでしょうか。

実際におしりを触ってみると、見た目に反してスカスカ。肉はほとんど入っておらず、あたたかな羽毛がびっしりと生えています。インコ・オウムのおしりは、卵を抱くために重要な役割をしています。抱卵はメスだけでなくオスも行う種類もいます。なので、性別にかかわらず、おしりはふわふわなのです。また、抱卵中のメスのおなかをよく見ると、かなり充血しているのがわかります。**卵に熱を与えようと毛細血管が発熱し、血流が良い状態になっているの**です。親の愛って偉大ですね。

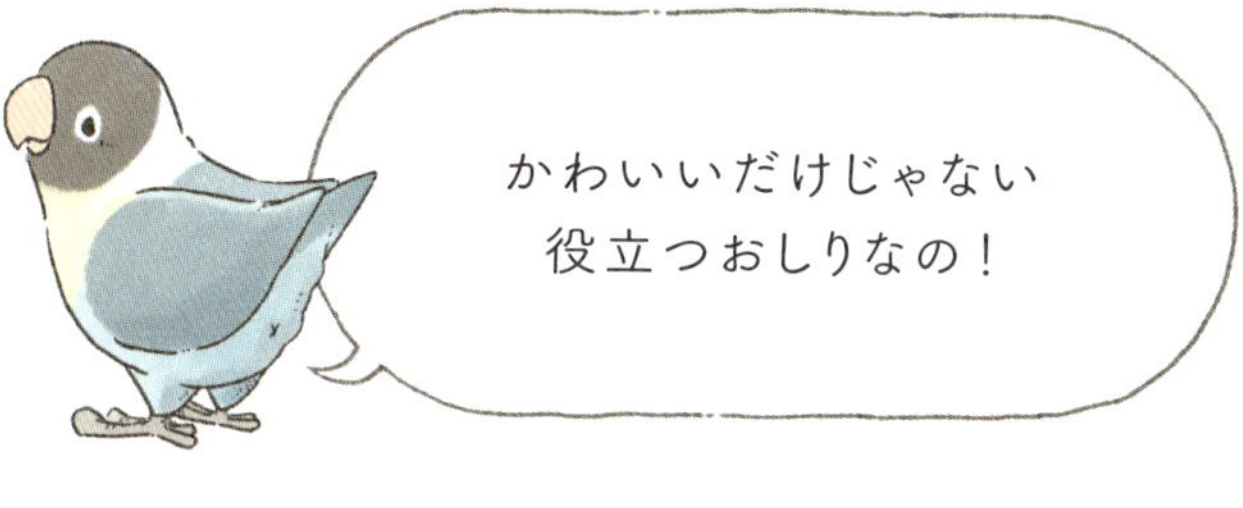
かわいいだけじゃない
役立つおしりなの！

69 コザクラにご用心

今日は金曜日… 燃えるゴミね
8 金
パパー 会社行くとき ゴミ捨ててきてねー
は～い いってくるね～!
あ…
8 金
このやぶれ方は…
バリ
バリ
バリ
7 木
パパーーッ
ストーーップ!!!
クッ クッ クッ クッ クッ…

巣材になるものはなんでもかじる

インコ・オウムのくちばしは力強く、そしてとても器用。かじることは遊びのひとつでもあります。コザクラインコはくちばしを使い、紙を上手に細長く切り取ります。さらに切った紙を尾羽に挿して運ぶことも。**これは野生のコザクラインコが木の皮や葉を細くかみ切って運び、巣材にする習性からきている行動です。**ほかの種類のインコにも、紙やダンボールをかじる遊びが好きな子は多く、気づいたらノートなどがボロボロになっていたという経験がある飼い主さんは多いことでしょう。

かじられたくない大事な本などをくちばしから守るには隠しておくのが確実ですが、おすすめは、カタログなどかじられてもいいものを用意しておくこと。カタログをかじることにインコ・オウムが夢中になってくれれば、横で読書をすることだって可能になります。インコも人間もストレスなく趣味を楽しみたいものですね。

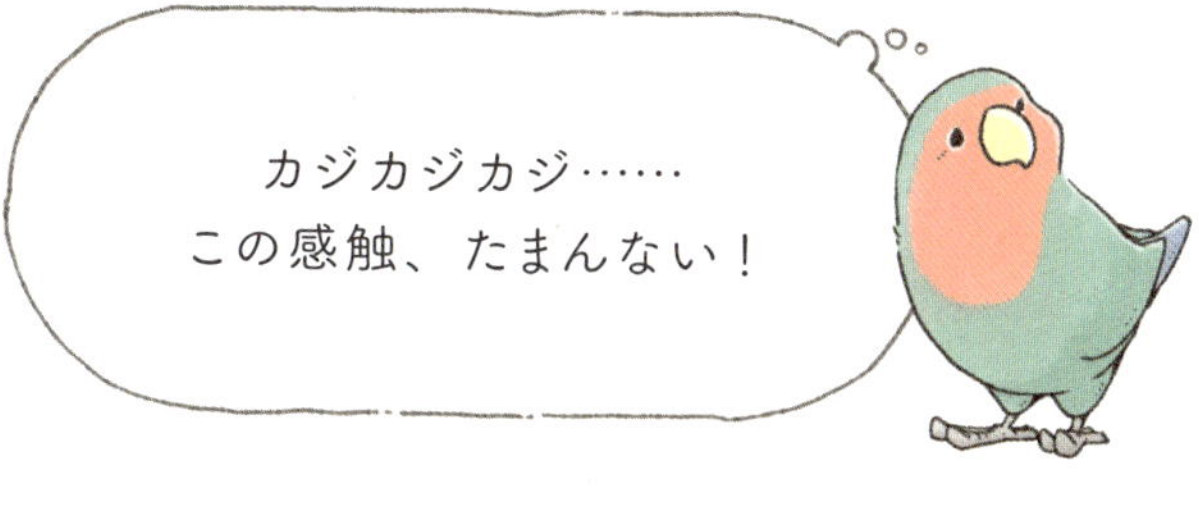
カジカジカジ……
この感触、たまんない！

70 破壊神、現る!?

トロロー！
新しいオモチャ買ってきたぞー!!
わーい
器用に遊ぶね〜
楽しそうでよかった♪
ハミ
ハミ
♪
開始1分で破壊…
明日のランチ…
節約だな…
ブイン！
バキ
バキ
ブイン！

丈夫で便利なくちばし

野生下のインコ・オウムは、生活の中でくちばしを器用に使うシーンがたくさんあります。エサとなる種子の皮を剥いたり、木の枝をちぎったりして遊んだり……。飼われているインコ・オウムもくちばしを使って遊ぶのが大好きです。とくに大型のインコ・オウムの破壊力はバツグン。**なかにはプラスチック製のおもちゃなどを一瞬で破壊してしまう子もいるようです。**おもちゃをいくら買ってもきりがない……とお嘆きの飼い主さんも少なくありません。

くちばしの大きさは体の大きさに比例しているわけではありません。たとえば、セキセイインコは小型インコですが、くちばしはそれほど小さいわけではありません。野生下のセキセイインコはくちばしを使って巣となる樹洞《じゅどう》を、内側からくちばしを使ってけずることがあります。同じことをキバタンなども行います。体の大きさにかかわらず、くちばしが持つ役割はとても大きいようです。

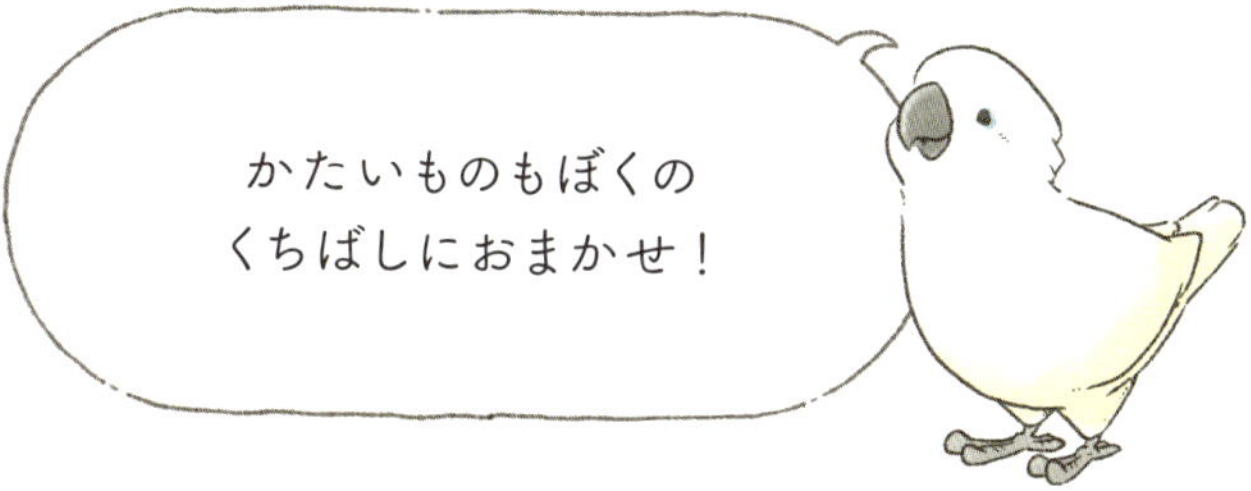
かたいものもぼくの
くちばしにおまかせ！

71 ヒナ返り!?

放鳥しましょか
ソラマメ
わーーい
カイヌシ
ピトッ
いつにもまして
甘えんぼさんだねぇ
カイヌシ
だいすきー
ゴローン
あらあら
ヒナちゃんに逆戻り
でちゅか？

赤ちゃん気分のときもある

おうちのインコ・オウムをかわいがるあまり、話しかけるときに赤ちゃん言葉になってしまう飼い主さんもいるようです。でもこれ、実はインコ・オウムたちがそうさせているのかもしれません。

インコ・オウムたちのなかには、姿はおとなでも、飼い主さんの前では赤ちゃん返りしてしまったり、ヒナ気分で甘える子もいるようです。そもそも**親鳥には目が大きくて小さいものをかわいがるという本能があります**。アヒルの親鳥にひよこのオモチャを見せるだけだと反応しませんが、ひよこのオモチャのうしろからヒナの鳴き声を流すと、すぐに反応して寄ってくるのです。ヒナもそうした親の本能をわかっているのでしょうか。親に存在を気づいてもらうために大きな声で鳴いてアピールをします。野生下でヒナの声が周囲に聞こえると、外敵に狙われやすくなってしまうため、親鳥はヒナが鳴かないように頻繁にエサを与えているのです。

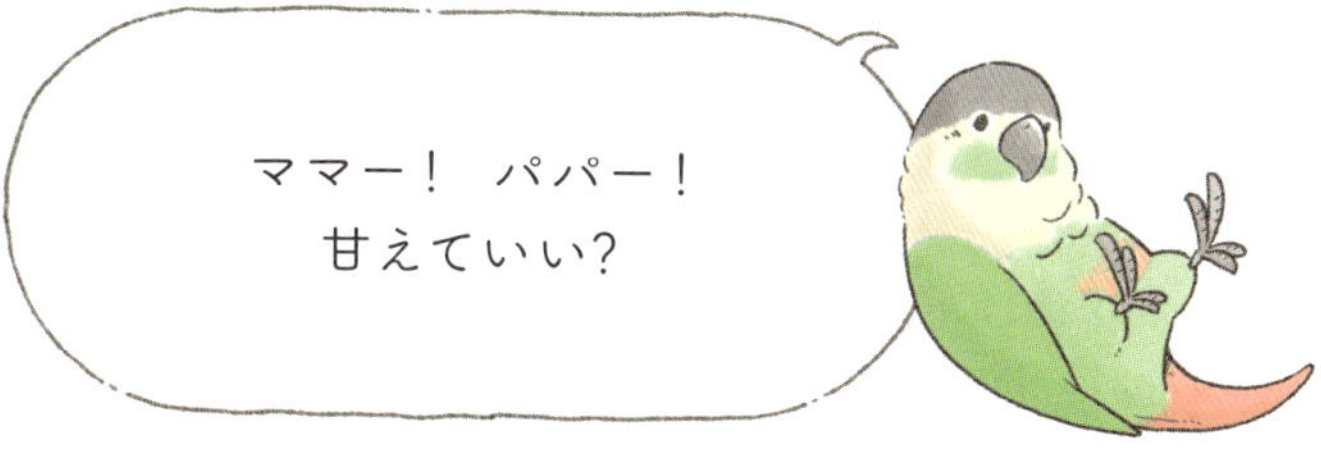
ママー！　パパー！
甘えていい？

COLUMN

インコ・オウム豆知識 7 ／ フォージングに挑戦しよう

野生のインコ・オウムは、エサを探して食べることに1日6時間ほどかけています。対してペットのインコ・オウムは、30〜40分ほど。時間を持て余すと毛引きなどの問題行動にいたることもあります。

そこで推奨されているのが、インコ・オウムにエサ探しをさせる「フォージング」です。最初はエサ入れに、オモチャなど邪魔になるようなものを入れて食べる前にひと手間かかるようにする。あるいは紙におやつを包んで、かじって破くと出てくることを遊びながら教えるといったことから始めてみましょう。転がすとエサが出てくるボールなどのフォージングトイも市販されていますし、カプセルトイや100円ショップの小物など、アイディア次第で身近なものがフォージングの材料になります。飽きたら別のパターンを試してみてくださいね。

PART8

どんなときも いっしょにいよう

72 反抗期

トロロ〜 放鳥しようか
クワッ
反抗期のころは…
ガブッ!
いたたたっ
ごはんだよ
プイッ!
まぁ… 今も大変だけど ほーーんと かわいい子だよぉ♡
スリ スリ
ねぇねぇ カイスン〜 あそぼーーよー

おとなになる大事な過程

インコは生涯に二度、反抗期のようなものがあります。**第一次反抗期は、幼鳥時代**。挿し餌からひとり餌《え》に切り替わるころです。これまではされるがままだったのに、自分でエサを食べられるようになると自我も芽生え、飼い主さんに反抗するように。人間の二歳ごろにやってくる「イヤイヤ期」にたとえられます。

第二次反抗期は、成鳥になり性成熟を迎えるころ。体はおとなになっても心はまだ未成熟な部分があり、飼い主さんに甘えたい気持ちと反抗的な気持ちとの間で揺れ動き、攻撃的になったりします。人間でいう「思春期」です。

これまでとてもよくなついていた子が急に咬むようになったり、言うことを聞かなくなったり。少しショックですが、それも我が子の大事な成長過程。ある程度は受け流す広い心を持って見守りましょう。

なんかイライラして
反抗したくなっちゃうんだ

73 発情期

あぁ…スイカ…またヘリコプターポーズしてる…
フリ フリ
発情対策にフォージングやってみよう
穴をあけた透明のボールにゴハンを入れて
上手上手!!転がすとゴハンが出てくるよがんばって!!
コロ コロ
これを続けてゴハンを工夫しながら食べて退屈をへらしていこうね!!
パク パク
コロ コロ

発情を見つけたら対策を

自分の遺伝子を残すことは生物の本能。しかし、発情は体に負担をかけ、病気の原因になることも。発情を繰り返すことは、寿命を縮めるといっても過言ではありません。インコ・オウムをなるべく発情させないような対策をしましょう。エサが労せず手に入り、安全で快適な環境にいて、大好きな相手がそばにいれば「そろそろ子づくりを」となってしまうのも仕方ないのかもしれません。

発情の傾向が見られたら、獣医師に相談のうえ、体重を毎日測り、正常体重を維持できる分だけエサを与えるようにしましょう。日が長いと暖かく繁殖に最適な季節と感じるので、ケージにカバーをかけて概日周期を短くするのも発情対策に有効。巣箱や巣材になりそうなものは撤去して、環境を整えましょう。さらに発情対象となる人や鳥とのふれあいを控えめにすること。とくにくちばしやメスの背中をさわるのは発情を促すのでNGです。

そんなに愛してくれると
その気になっちゃうよ～♡

74 咬みつきガブっ子

いたたっ!!
また咬まれた…
あいたたた…
最近 メロンが 咬みつくこと 多いよね…
そういえば…
いてて…
♪
メロンが 咬んだとき、私たちを見て 喜んでいる気がするの
咬まれても ガマンしてみようよ
いいね! 反応しないように してみよう!!
数日後
咬みぐせへってきたね すごい! メロンえらい!!
♪
ほんとーえらいぞ! メロン!!
これからもしっかり 観察していこう!!

インコたちが伝えたいことを知ろう

インコ・オウムは「飼い主さんに自分の要求を伝えたい」という思いから咬みついていることがほとんど。インコたちの伝えたいことを読み取り、咬まれない対策をしていきましょう。

多いのが、「嫌なことは咬んだらやめてもらえる」と思っているケース。インコたちが嫌がっているときは咬まれる前にやめることや、嫌がらないやりかたを考えるようにして。

食べ物がほしいなど欲求を満たすために咬んでくる子には、「咬んだらあげる」ではなく「咬まなかったらあげる」に、接し方のパターンを変えていきましょう。

かまってほしい気持ちから咬むことも。大きな声で痛がったり、インコたちを追いかけたりといった飼い主さんの反応は、インコたちにとってごほうびになってしまいます。無言でケージに戻すなど、「咬んでもつまらない」と思わせることが改善策になります。

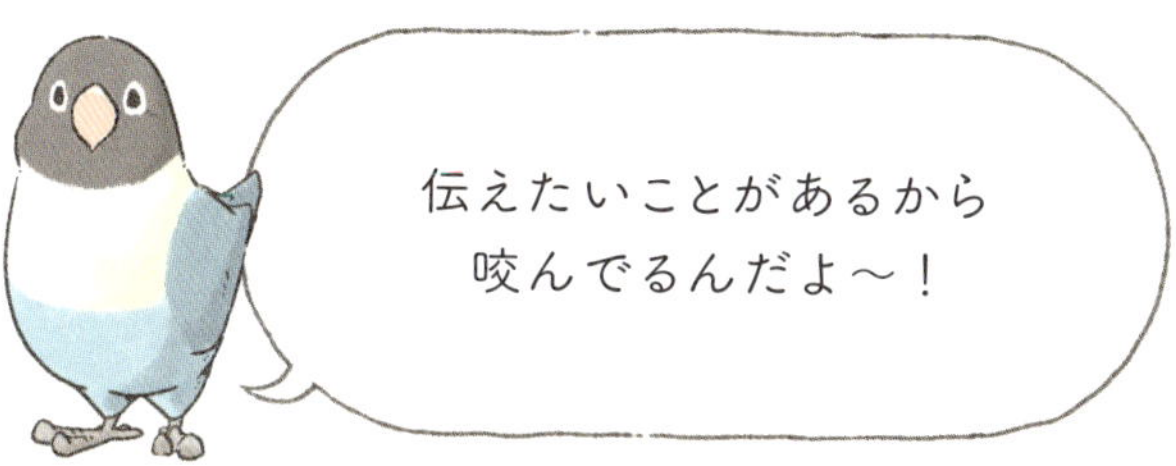
伝えたいことがあるから
咬んでるんだよ～！

75 夜更かしさん

さぁ おやすみの時間だよ
もっと遊ぶ
まだ 眠くないのかい
遊ぶ
夜更かしは よくないから眠くなるまで遊ぼうか
遊ぶ
遊ぶ

ふれあいがいちばん大事

インコ・オウムは日の出とともに起き、日の入りとともに寝るのが自然な生活リズムです。飼育下ではどうしても飼い主さんに合わせた生活になり、夜更かしをしているケースもあります。夜更かしは健康によくありません。けれど、夜は寝かせなきゃ……と焦ってコミュニケーションの時間を減らしてしまうのは、かえって逆効果。**ケージカバーをかけて無理に寝かせるのではなく、しっかりふれあってから寝てもらいましょう。**もちろん飼い主さんが朝早く起きて放鳥時間をとるようにできればベストです。

インコ・オウムは日光を浴びないと体内時計が狂い、睡眠リズムも崩れます。日光浴は体内でつくれないビタミンDを生成したり、ホルモンバランスを整えたりする効果があり、できれば毎日させたいもの。窓を網戸にして1日30分を目安に行いましょう。冬は紫外線ライトを利用してもOKです。

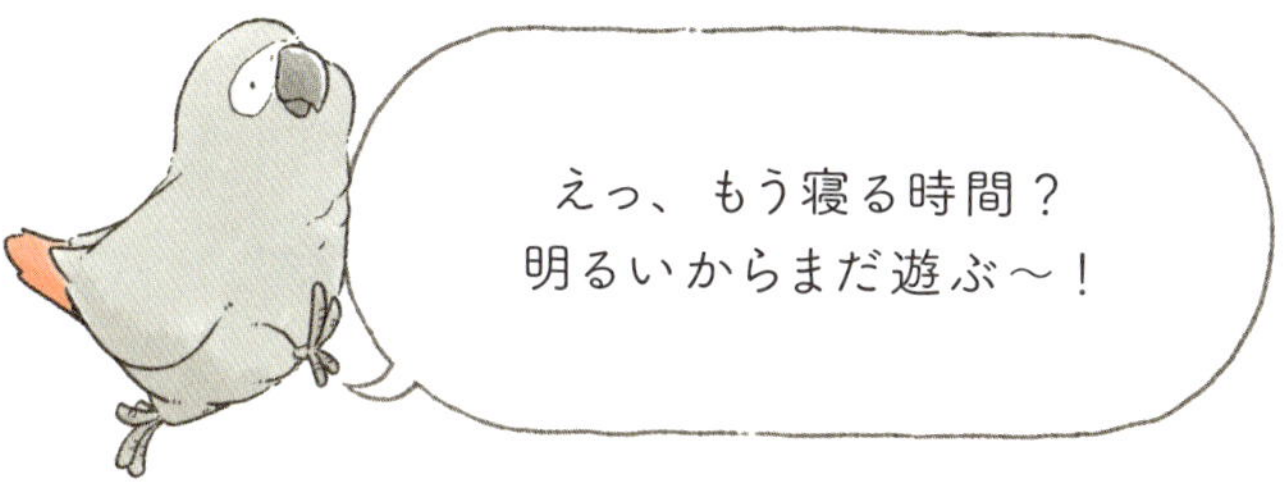
えっ、もう寝る時間？
明るいからまだ遊ぶ～！

76 偏食さん

ペレットも混ぜてるけど
エンバクばかり
食べるなぁ…
もぐ
もぐ
あ!
ペレット食べれたね!!
レモンえらい!
おりこうさん!
カイヌシ
よろこんだ♪
すごい!
すごい!
その調子!!
カイヌシ
よろこぶの
だーいすき♪

バランスのいい食事を心がけて

健康のためにバランスよく食べてほしいのに、混合シードの中から特定のシードだけを食べてほかを残したり、おやつにあげるような高カロリーなシードしか受けつけなかったり。飼い主さんを困らせる偏食さんがいます。

脂質の多いものは味が濃くおいしく感じるのは人間もインコ・オウムも同じ。高カロリーなひまわりの種などは大好物ですが、それだけを食べていたら栄養不足になり、肥満など病気の原因にも。獣医師に相談のうえ、一日にあげる量を決め、好きなシードの配合量を徐々に減らしていくといった方法で偏食改善に努めましょう。栄養バランスの取れたペレット食に切り替えるのもおすすめです。

シード食の子にはカルシウムのとれるボレー粉《こ》やカットルボーン、総合ビタミン剤が必須。副食として青菜も与えましょう。

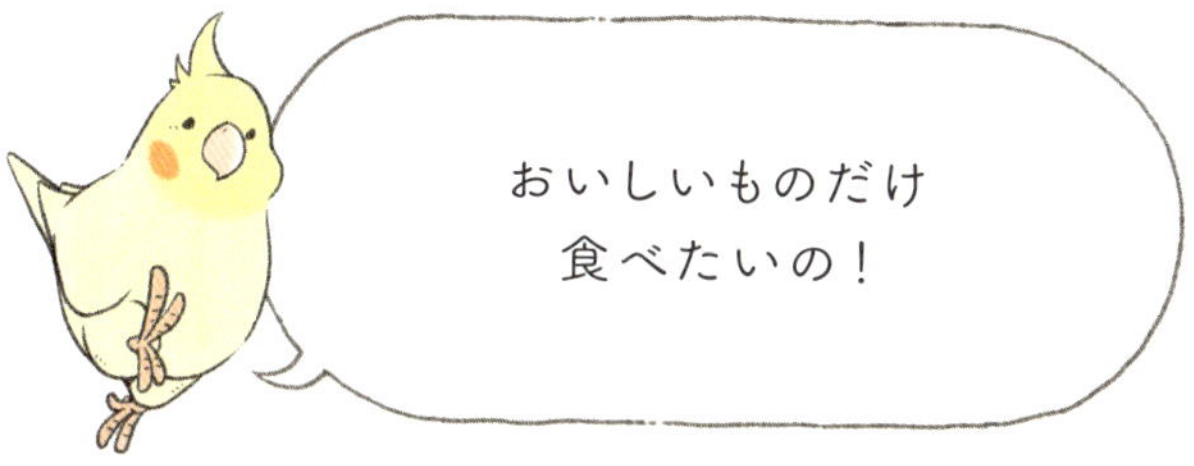
おいしいものだけ
食べたいの！

77 いたずらさん

あら いたずらミカン容疑者発見！
コロン
おーっと！ミカン容疑者現行犯ですよ!!
クス クス
コロン
すっごい楽しそうね♫
はい どうぞ
コレたのしー

いたずらしても安全な空間づくりを

せまいすき間に入りこんだり、本などをかじったり。そんなインコ・オウムの行動は本能的なもので、止めることはできません。人間にとっては困ったいたずらですが、インコたちは楽しくてしているだけ。すき間をふさぎかじられたくない物は隠すなどの対策を。

なかには、いたずらをして飼い主さんに叱られることを「こうすればかまってもらえる」と覚え、注意を引くためにわざといたずらする子も。危険なことなど、絶対にさせたくないことは幼鳥のころからしっかり教えこむことも大切です。

人間との暮らしは、インコたちにとって危険がいっぱい。とくに気をつけたいのは中毒です。観葉植物、**カーテンバランサーなどの金属類、さらにテフロン加工のフライパンから出る煙やアロマオイル、マニキュアなどの揮発物も中毒の原因になります。**生活空間に有害なものを置かないよう心がけましょう。

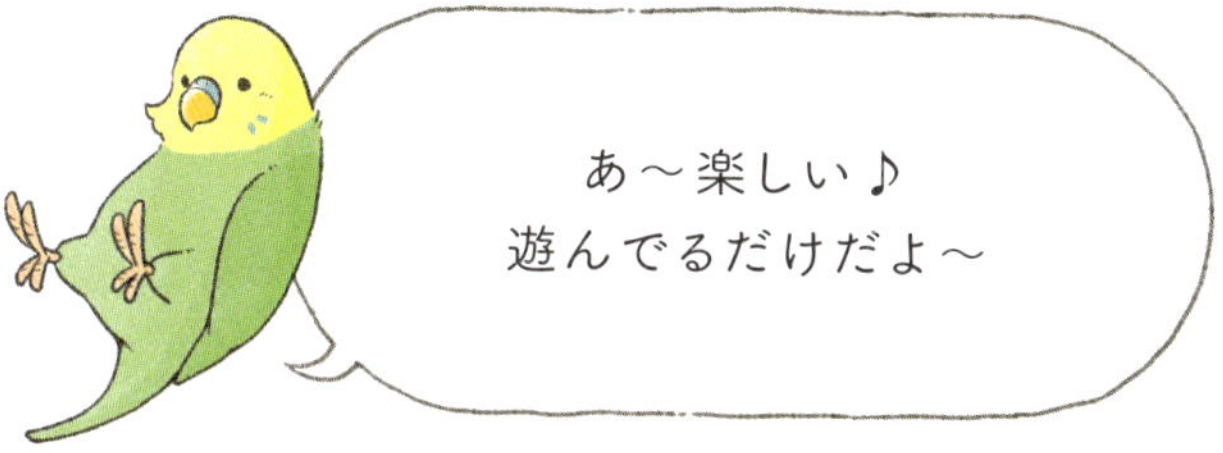
あ～楽しい♪
遊んでるだけだよ～

78 察しちゃう

ガミ
ガミ
またケンカだ…
もうパパったら…まあいいわ！気分かえて放鳥しよ!!
プンプン
おいで
いやっ!!
でたくない!!
スイカ…どうしちゃったの？
夫婦げんかが嫌だったのかな……
そっか…スイカもメロンもごめんね…
2羽のためにも仲直りしようママ ほんとごめんね…

敏感に空気を読む

148ページでも前述したように、**飼い主さんの思惑や心理状態をインコ・オウムは敏感に察知します。**飼い主さんが夫婦ゲンカをしたときや、動物病院にを連れて行こうとしているときなど。いつも通りに声をかけても、すぐに寄ってこない、ケージから出ようとしない。それはインコたちが「いつもと違う」ことを感じ取っているからでしょう。**そんな風に空気を読んでよそよそしくなっているときのインコたちに対して、無理強いは禁物。**少し時間をおいてから、安心させるように優しく声をかけて。

ちなみに放鳥はインコたちの運動にもなるので一日一度はさせたいものですが、インコたちの気分が乗らないなら、しない日があってもOK。外で怖い経験をすると出たがらなくなることもあるので、そんなときは外でおやつをあげるなど、また良いイメージを持ってもらえるように働きかけていきましょう。

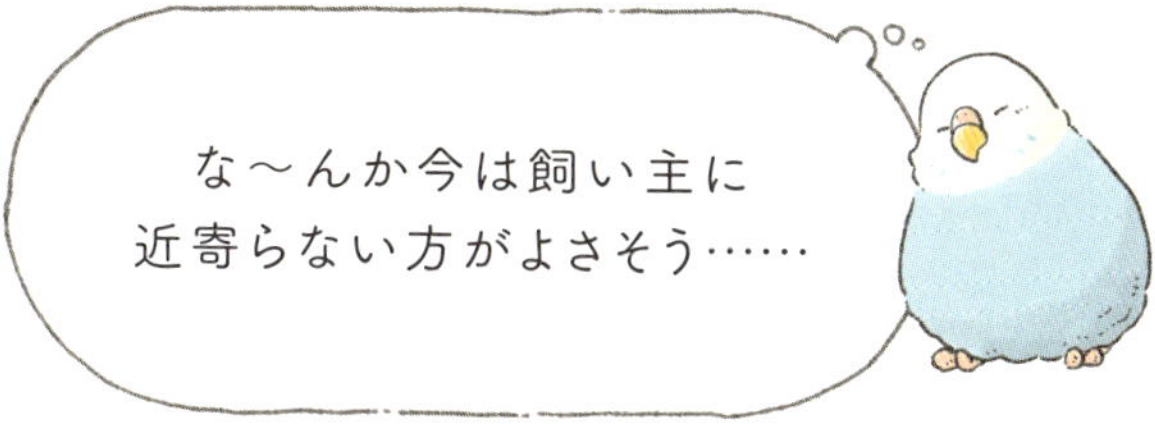
な～んか今は飼い主に
近寄らない方がよさそう……

79 毛引きさん

コンゴウインコのミント
知らぬ間に毛引きを
はじめてしまいました…
ブチ…
ブチ…
そんなに羽をぬいたら
ワシの頭みたいに
なっちゃうぞい…
クー…
クー…
ミントのスキなこと
キライなこと
カイヌシィ…
ゆっくり
しっかり
見つけてやるからのぉ
少しずつ
毛引きを
なおしていこうな…!!

時間をかけて改善策を見つけよう

インコ・オウムが自分で自分の羽を抜いてしまう「毛引《けび》き」。皮膚疾患などの病気が原因で毛引きをすることがあるので、毛引きをしていたらまずは動物病院で調べてもらいましょう。病気以外の原因としては、ストレスが考えられます。**環境変化やつまらないこと、さみしいこと、怖いこと、嫌なことがあったなどのストレスが考えられます**。本来、外敵などのストレスにさらされているはずの野生のインコ・オウムは毛引きをしません。行きたいところに自由に飛べる、好きな時間に仲間と遊べるなどストレス発散の手段があること、そしてエサを探したり子育てをしたりと、毛引きする暇なんてないほど忙しいから。ストレスの原因を見つけることができたら、それを取り除くだけでなくほかに遊べるオモチャを探したり、フォージングを取り入れたりと、別のことに気持ちが向くよう仕向けて。焦らずゆっくり改善していきましょう。

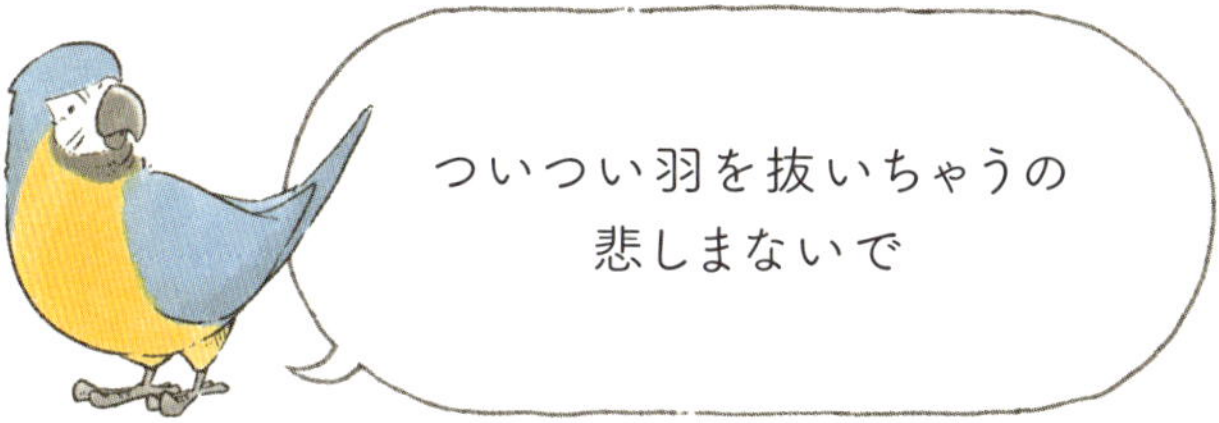
ついつい羽を抜いちゃうの
悲しまないで

80 呼び鳴きさん

私が見えなくなると呼び鳴き大きいなぁ
ビャー
この前、友達に聞いた方法…
カイヌシ
ビャー
声が大きいときは無視して…
小さいときに口笛!!
ピィ
ピィ
!
ピィ
ピィ
大きい呼び鳴きへってきたわ!
この調子ね!

仲間を探して鳴いてしまう

飼い主さんの姿が見えなくなると、インコ・オウムが大きな声で鳴いて呼ぶ。そんな「呼び鳴き」に悩まされることがあるかもしれません。**本来は群れで暮らしているため、仲間がそばにいないのはとても不安なもの。**分離不安と呼ばれるもので、親と離れた子どもが鳴くように、「どこにいったの?」と呼んでいます。

どれくらい離れたところにいるのかがわからないので、遠くまで声を届かせようと大声になってしまいます。飼い主さんは口笛や歌を歌いながら移動して、「ここにいますよ」と知らせるのもよいでしょう。また、大声で鳴いているときは返事をせず、小さめの声で鳴いたときだけ返事をしたり姿を見せることを繰り返すと、「このくらいの音量で鳴けばいいんだ」と学習するはず。ただ、飼い主さんべったりの子には通用しないことも。飼い主さん以外のことにも関心を持てるような工夫をするのも大事です。

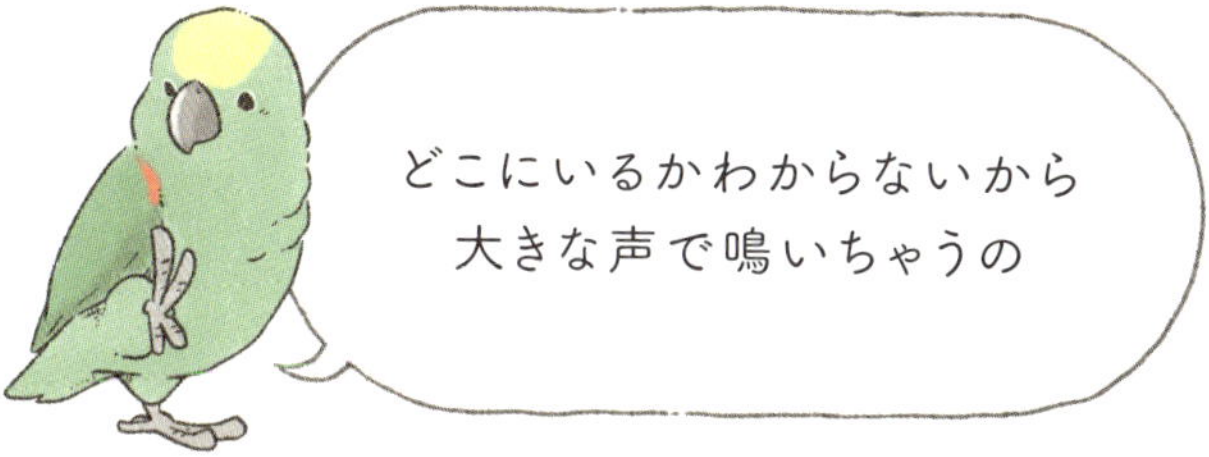
どこにいるかわからないから
大きな声で鳴いちゃうの

81 絶叫さん

ギャー
ギャー
防音の壁でよかったけど
トロロの絶叫は
ほんとすごいわ
ギャ
ギャ
ギャ
ギャ
ギャ
まるで部屋が
動物園
みたいだわ
クス
クス

声の大きさは飼う前に確認を

インコ・オウムは何をすれば飼い主さんが反応してくれたか、どうすれば要求が通ったか、よく覚えています。そしてそれを繰り返します。たとえば、咬んだら食べ物をもらえたと覚えた場合は、何かがほしいとき咬むようになります。そして、**大声で呼べば飼い主さんが来たと覚えられたら大音量で鳴くようになります**。

そのうち、大声を出せば要求が通ると思い、ちょっと不満があれば大声を出すようになることも。184ページで前述したように、大声を出したときは反応せず、小さめの声で鳴いたら大げさに反応したりごほうびをあげたりして、少しずつ最適な音量を覚えてもらうしかありません。

ただ、白色オウムなど、もともと声が大きい種類も。夕方など決まった時間に雄叫びをあげることもあるので、飼う前に耐えられる声の大きさかどうか確認のうえ、防音カバーなどで対応しましょう。

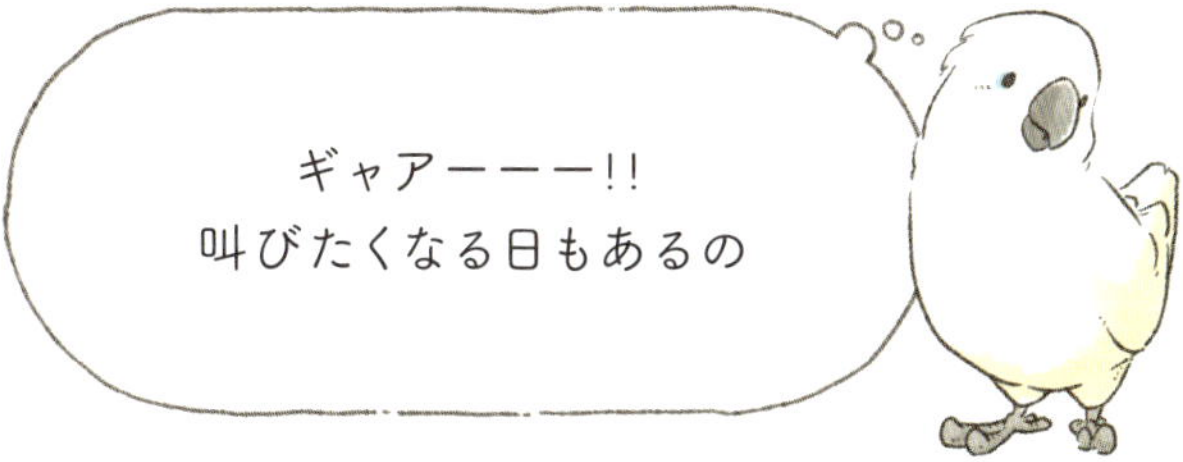
ギャアーーー!!
叫びたくなる日もあるの

82 オンリーワン

久しぶり〜
ほんとね♪
わぁー、オカメインコー！さわっても大丈夫？
ウン出してみようか
あら…人見知りさんなのね…残念
カイヌシー
私以外なれてないみたいごめんね…
オンリーワンになりすぎちゃったかな…
これからは知らない人に会う機会少しずつ増やしていこうかな

将来のためにいろんな人にならそう

多くのインコ・オウムは一夫一婦制。つがいになったパートナーと生涯をともにします。群れはいくつかのつがいが集まってできていて、つがい相手以外とは基本的にクールな関係です。

人間のもとで暮らすインコたちは、つがい相手として飼い主さんを選ぶことがあります。そうなると、それ以外の人間が「どうでもいい存在」になってしまいます。それどころか、「パートナーとの仲を邪魔する悪者」と思われ、インコたちから攻撃を受けることも。

「オンリーワン」状態になってしまったインコ・オウムは、ほかの人がお世話をすることもできなくなり、飼い主さんが病気になったときなどに困ることがあります。 外向的な性格の子と内向的な性格の子がいて、内向的な子は、だれにでもなつくのは難しいもの。最低限、飼い主さん以外にもう一人だけでも触ったりできるよう、おやつをあげるなどして少しずつならしましょう。

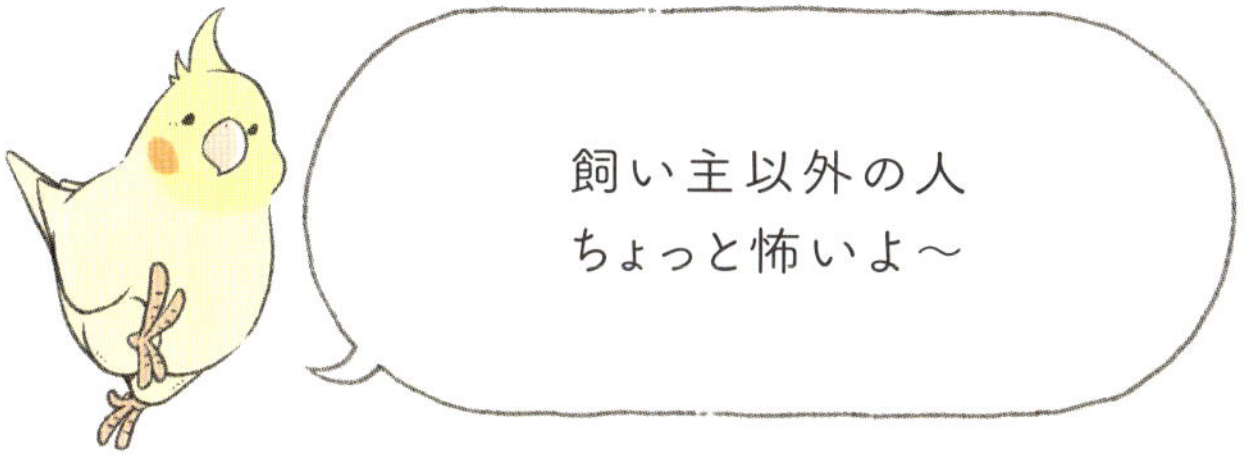
飼い主以外の人
ちょっと怖いよ～

83 感情豊か

骨折をして入院することになったタロウ
母さん ゴマシオさみしがり屋だからよろしくね
はいはい！まかせなさい！タロウはケガを治すことに集中しなさい
タロウの心配は的中 大好きなタロウがいなくなりふさぎこむゴマシオ
ママー!! ゴマシオがごはん食べないよー
プイッ
なにかいい方法は…
そうだ!!
タロウ タロウ
ゴマシオー！すぐ治すから待っててなー！
タロウの写真や動画を見せたら、少し元気を取り戻しごはんも食べるようになりました

想像以上に豊かな心がある

個体差はあれど、高い共感力を持つインコ・オウム。飼い主さんがイライラしているとつられて攻撃的になったり、飼い主さんがふさぎこんでいるとまたつられて体調を崩してしまったりと、影響を受けることがあります。飼い主さんとのコミュニケーションが減ってしまい、その期間が長く続くと、次第に人への愛着が薄れてしまいます。やがて人に対して喜ばなくなるようになってしまうように。

しかし、悲しんでいるわけではありません。「大丈夫だよ」といつも以上に声をかけてコミュニケーションを取るようにしましょう。

大好きだった仲間の鳥が亡くなってしまったり、飼い主さんが入院するなどして会えなくなったりしたことで体調を崩すケースもあります。そんなときは動画などを見せてあげると少し心が落ち着くようです。落ち込みが激しかったり、食欲がなく体重が激減するようであれば、獣医師に相談を。

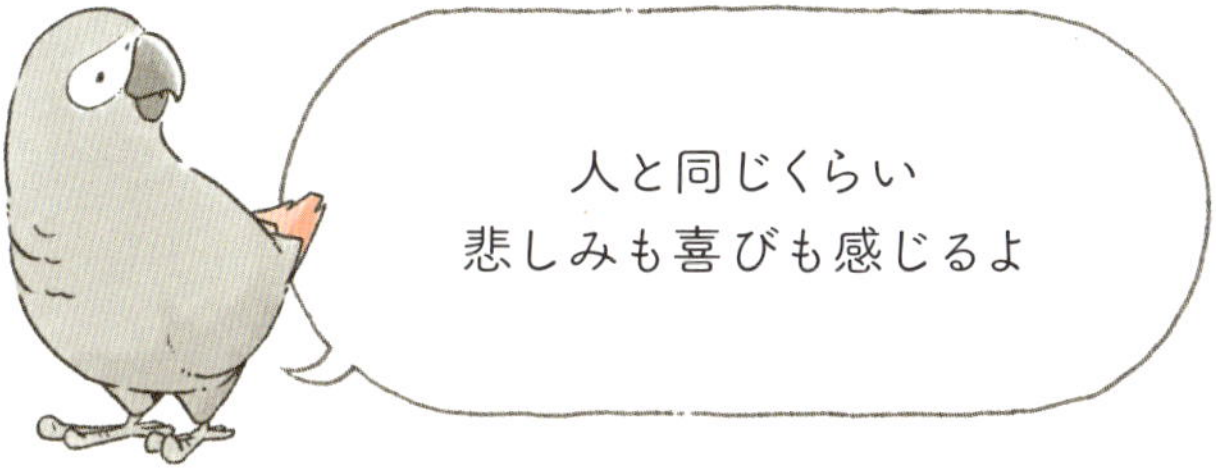
人と同じくらい
悲しみも喜びも感じるよ

マンガ・イラスト

BIRDSTORY（バードストーリー）

鳥モチーフの雑貨を数多く手掛けるデザイナー・イラストレーター。鳥好きさんが笑顔になれる作品づくりを心がけている。愛玩動物飼養管理士１級、ペット栄養管理士。著書に『BIRDSTORY のインコの飼い方図鑑』（朝日新聞出版社）など。セキセイインコのばなな、ブンチョウのおもち、めんま、愛犬２匹と暮らす。

監修

海老沢和荘（えびさわ　かずまさ）

横浜小鳥の病院院長。鳥専門病院での臨床研修を経て、1997 年にインコ・オウム・フィンチ、その他小動物の専門病院を開院。鳥類臨床研究会顧問、日本獣医エキゾチック動物学会、日本獣医学会、Association of Avian Veterinarians 所属。著書に『エキゾチック臨床』（学窓社）など多数。愛鳥は、タイハクオウムの雪之丞。

STAFF

カバー・本文デザイン　室田 潤（細山田デザイン事務所）

DTP　茂呂田剛（有限会社エムアンドケイ）

執筆　齊藤万里子

編集　荻生 彩（株式会社スリーシーズン）

マンガでわかる インコ・オウムのきもち

2019年11月22日　初版発行

発行者　鈴木伸也

発行所　株式会社大泉書店

〒162-0805　東京都新宿区矢来町27

電話　03-3260-4001（代表）

FAX　03-3260-4074

振替　00140-7-1742

URL　http://www.oizumishoten.co.jp/

印刷・製本　株式会社シナノ

ISBN978-4-278-03917-7　C0076